计算机教学研究与实践

——2013学术年会论文集

浙江省高校计算机教学研究会　编

ZHEJIANG UNIVERSITY PRESS
浙江大学出版社

图书在版编目（CIP）数据

计算机教学研究与实践：2013 学术年会论文集 / 浙江省高校计算机教学研究会编. —杭州：浙江大学出版社，2013.8

ISBN 978-7-308-11931-3

Ⅰ. ①计… Ⅱ. ①浙… Ⅲ. ①电子计算机－教学研究－高等学校－学术会议－文集 Ⅳ. ①TP3-42

中国版本图书馆 CIP 数据核字（2013）第 175566 号

计算机教学研究与实践——2013 学术年会论文集

浙江省高校计算机教学研究会　编

责任编辑　吴昌雷　黄娟琴

封面设计　刘依群

出版发行　浙江大学出版社

　　　　　　（杭州市天目山路 148 号　邮政编码 310007）

　　　　　　（网址：http://www.zjupress.com）

排　　版　杭州中大图文设计有限公司

印　　刷　杭州日报报业集团盛元印务有限公司

开　　本　787mm×1092mm　1/16

印　　张　10.25

字　　数　249 千

版 印 次　2013 年 8 月第 1 版　2013 年 8 月第 1 次印刷

书　　号　ISBN 978-7-308-11931-3

定　　价　35.00 元

目　录

教学方法与教学环境建设

（以姓氏拼音为序）

实验室建设与网络辅助教学

（以姓氏拼音为序）

专业建设与课程体系建设

基于计算思维的程序设计课程教学实践

——基本程序设计教学示例

杜建生

浙江大学城市学院计算分院，浙江杭州，310015

摘　要： 程序设计课程是高校计算机专业学生的重要基础课程，也是非计算机专业学生学习应用计算机的必修基础课程。通过该课程的学习，培养大学生的逻辑思维、编程思想，从而提高对"计算思维"的认识。学习程序设计课程对学生而言，由于思维的转变，学习起来有一定的难度；对教师而言，如何生动进行有效的教学，设计好课程教案，将"计算思维"贯穿于整个教学过程中，让学生循序渐进地学会掌握程序设计基本内容，从一般的思维方式转变到计算思维方式，从而达到程序设计课程的教学目标。本文就如何以计算思维理论指导程序设计教学作了教学尝试和实践，与大家共同探讨和分享。

关键词： 计算思维；程序设计；教学实践；教学示例

1　引　言

近几年来，计算思维的理论在高校计算机教学研究中形成热点。高校计算机基础教学发展战略思想的核心是：需要把培养学生的"计算思维"能力作为计算机基础教学的核心任务。

程序设计课程是高校计算机专业学生的重要基础课程，也是非计算机专业学生学习应用计算机的必修基础课程。通过该课程，使学生掌握程序设计课程的基本知识、基本方法、结构化程序设计和基本算法，并培养学生利用计算机解决问题的意识、方法和能力，具备利用计算机求解实际问题的基本技能，能灵活应用程序语言结合本专业知识进行程序设计，为计算机在各专业中的应用奠定基础。"程序设计"是学生最容易理解计算机求解问题的特点与方法的课程，如何在课程中体现计算思维的思想和理论，培养学生的计算思维能力，让学生从朴素的自然思维转变到计算思维，是我们在课程教学方法需要思考的。我的实践是将培养大学生的计算思维作为程序设计课程的教学重点，贯穿整个教学过程，相应地调整了教学内容、教学进度和教学案例，从而提升了程序设计课程的教学效果。

2　确立程序设计中计算思维的概念

程序设计课程是高校计算机科学技术、电子信息工程和信息管理等专业一年级新生的

基础课程,也是非计算机专业学生一年级下半学期的课程。多数学生对程序设计是陌生的,刚开始学习时,注意力往往集中在程序设计语言本身,学得很勉强,找不到感觉,普遍觉得难学。

针对这一普遍情况,我们在程序设计的第一次导论课中,从计算思维讲起,讲计算机能做什么、不能做什么、又是怎么做的。从而把学习程序设计课程中最应关注和最受益的思维锻炼过程明白告诉学生,向学生说明学习程序设计课要关注大脑的思维过程,要思考计算机运行程序的思想,形成计算思维,最终达到思维的锻炼。我们通过下列求解平均值的同一问题将程序设计的基本内容联系起来,让学生去学习训练、操作实践、检验测试,一步步地掌握基本程序设计的内容并培养计算机的编程思想,逐步形成计算思维的概念。

VB 程序设计课程的教案示例如下:

(1)从键盘输入 3 个数,求它们的平均值;

(2)从键盘输入 30 个数,求它们的平均值;

(3)从键盘输入 n 个数,求它们的平均值;

(4)从键盘输入任意一批数,求它们的平均值;

(5)从键盘输入一批数,放入数组中,然后求它们的平均值;

(6)将求平均值的问题用函数模块 function 来实现;

(7)将求平均值的问题用过程模块 Sub 来实现;

(8)从数据文件中读入一批数,求它们的平均值。

C 或 C++程序设计课程教案示例如下:

(1)从键盘输入 3 个数,求它们的平均值;

(2)从键盘输入 30 个数,求它们的平均值;

(3)从键盘输入 n 个数,求它们的平均值;

(4)从键盘输入任意一批数,求它们的平均值;

(5)从键盘输入一批数,放入数组中,然后求它们的平均值;

(6)将求平均值的问题用自定义函数来实现;

(7)利用指针操作求一批数的平均值;

(8)从数据文件中读入一批数,求它们的平均值;

(9)利用结构体存放一批数据,求它们的平均值;

(10)建立一个类存放一批数据,求它们的平均值。

然后,告诉学生,不论是选学 VB、C 或其他程序设计课程,程序设计的基本内容是一致的。掌握了前 4 个求解问题,即掌握了程序设计的基本内容。引导学生感受和领悟计算机分析问题和求解问题的过程、编程思想和基本方法,让学生一开始就在主观上明确程序设计课程的学习目标不仅仅是学会一门程序设计语言,更重要的是学会用计算机分析和解决问题的基本过程和思路,即学会如何把实际的问题转化为计算机可以解决的问题、如何用计算机的方法求解问题,从而在整个学习过程中,积极主动地注重计算思维的训练和培养。

3 通过程序设计中核心算法培养计算思维

掌握计算机求解问题的各种方法,是培养学生计算思维的关键。学生需掌握程序设计的基本方法和基本问题的求解算法,深刻地理解计算机解决问题的思路和方法,逐步提升计算思维的能力。程序设计语言课程中有核心算法语句和基本算法。由于这些程序设计中的核心算法语句一般分散在各章节中,学到时才会向学生进行讲解,往往不会引起学生重视。因此,在讲授程序设计时(通常在第 3 章开始),可以先集中展示程序设计中的核心算法语句让学生作初步认识。

程序设计中的核心算法语句有:

(1)计数器:$i = i + 1$ ($i = 0$);

(2)累加器:$s = s + x$ ($s = 0$);

(3)累积器:$p = p * x$ ($p = 1$);

(4)累除器:$y = y/n$;

(5)正负号变换器:$t = -t$ ($t = 1$ 或 $t = -1$);

(6)终止标记:$x = -111$ ($x = 999$);

(7)标记器:$f = 1/f = 0$ 或 $f = true/f = false$;

(8)跟踪器:$p = i$;

(9)变量交换:$t = a$; $a = b$; $b = t$;

(10)变量值转移:$x = x1 + x2$; $x1 = x2$; $x2 = x$。

这样,学生就知道了这些特殊算法语句的含义及其在程序设计中所起的作用。这些算法语句不同于自然思维,是计算机的思维,程序设计始终离不开它们,要熟练地掌握和应用。

下面是应用这些核心算法语句解决典型问题(用 VB 程序语言编写)的几个教学示例。

教学示例一

求解问题:$s = 1 - 5 + 9 - \cdots + (4n + 1)$。

```
dim n as integer
dim s as integer
dim t as integer
n = inputbox("n = ")
s = 0
t = -1
for i = 0 to n - 1 step 1
  t = -t
  s = s + t * (4 * i + 1)
next i
print "s = ";s
```

程序中应用了核心算法语句:累加器和正负号变换器。

教学示例二

求解问题:在 1000 到 2000 中找出能同时被 37 和 91 整除的自然数,如没有,请显示"找不到!"。

```
dim f as integer
f = 0
for i = 1000 to 2000 step 1
    if i mod 37 = 0 and i mod 91 = 0 then
        print i
        f = 1
    end if
  next i
  if f = 0 then print "找不到!"
```

程序中应用了核心算法语句:标记器。

教学示例三

求解问题:从键盘输入任意一批数,求它们的平均值。

```
dim x as integer, n as integer
dim s as single, v as single
n = 0
s = 0
x = inputbox("x = ")
do while x<> - 111
  s = s + x
  n = n + 1
  x = inputbox("x = ")
loop
v = s/n
print "v = ";v
```

程序中应用了核心算法语句:累加器、计数器和终止标记。

4 计算思维能力培养的教学实践

在基于计算思维的理论背景下,我们在课堂理论教学和上机实践教学中始终主动、有意识地培养学生的计算思维能力,在教学实践中取得了良好效果。

在课堂理论教学过程中,我们尝试了几方面的教学改革。

(1)从计算思维的角度出发,将程序设计中的基本典型问题,按问题求解的要求进行步骤化。问题求解的一般步骤为:①建立数据模型(定义变量);②寻找解决方案(设计算法);③编程调试实践(有效优化);④完善解决问题(实现通用)。将实际问题的求解提升到计算机的思考即计算思维的高度,使学生在求解具体问题的过程中,逐步加深对计算思维本质的理解。

(2)将程序设计的语言与问题求解的过程分开。在讲解具体案例时,先提出具体问题,然后引导学生去体会为了解决问题而产生的大脑思考过程:已知数据是什么、数据类型如何表示、要求的结果是什么、求解方法如何实现等,让学生通过算法来理解计算机求解问题的思路,算法的描述可以用自然语言、形式代码或流程图等表示。学生理解了算法的基本思想后,再引入程序设计语言来编写代码并调试执行,实现问题的解决。

(3)程序设计中基本典型问题求解的几个教学示例(用 VB 程序语言编写),具体如下。

教学示例一:求最大值和最小值的基本典型问题

求解问题 1:输入 30 位学生的某门课程考试成绩,求出其中的最高分和最低分。

```
dim x as integer
dim max as integer, min as integer
max = - 1
min = 101
for i = 1 to 30
  x = inputbox("x = ")
  if  max<x then max = x
  if  min>x then min = x
next i
print max,min
```

要从具体的成绩中(范围为 0～100 分)求出最大值和最小值,max 和 min 变量的初始值可以设定为:max=-1 和 min=101,这是以自然的思维来理解。

求解问题 2:输入 30 个整数,求出其中的最大值和最小值。

```
dim x as integer
dim max as integer, min as integer
x = inputbox("x = ")
max = x
min = x
for i = 2 to 30
  x = inputbox("x = ")
  if  max<x then max = x
  if  min>x then min = x
next i
print max,min
```

由于输入的是整数范围的数,要从一个较大的整数范围里正确求出最大值和最小值,max 和 min 变量的初始值可以用输入的第一个数作为 max 和 min 的初始值,这就是计算机的编程思想,即求解最大值和最小值的算法思想,对应的思维发生改变。

求解问题 3:输入任意一批数,求出其中的最大值和最小值。

```
dim x as integer
```

```
dim max as integer, min as integer
x = inputbox("x = ")
max = x
min = x
do while x<> - 1
  if   max<x then max = x
  if   min>x then min = x
  x = inputbox("x = ")
loop
print max,min
```

对求解最大值和最小值的问题作进一步完善,不论输入多少个数据,都能正确实现求解,采用条件循环(do while/loop)结构解决了一般的通用性问题。对应的思维又发生改变。

教学示例二:实现平面图案输出的基本典型问题

求解问题 1:输出如图 1 所示的矩形图案。

```
for i = 1 to 10
  for j = 1 to 20
      print " * ";
  next j
  print
next i
```

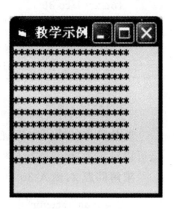

图 1

这是双重循环输出平面图案的基本应用,外循环表示行,内循环表示列,程序实现了输出 10 行、每行 20 个星号的矩形图案。掌握了循环语句就能自然理解。

求解问题 2:输出如图 2 所示的三角形图案。

```
for i = 1 to 10
  for j = 1 to 2 * i - 1
      print " * ";
  next j
  print
next i
```

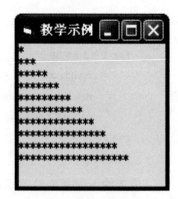

图 2

在图 1 所示矩形图案程序的基础上,将外循环变量结合到内循环中,设计适合的表达式,即可实现每行有变化的三角形图案。掌握内外循环的关系,思维理解更深入。

求解问题 3:输出如图 3 所示的等腰三角形图案。

```
for i = 1 to 10
  print tab(10 - i + 1);
```

```
    for j = 1 to 2 * i − 1
        print " * ";
    next j
    print
 next i
```

在图 2 所示三角形图案程序的基础上,结合屏幕定位方式,对每行输出的位置进行改变,原来的三角形图案变成为等腰三角形图案。关键的定位语句实现了图案输出的大变化。

求解问题 4:输出如图 4 所示由数字组成的图案。

```
    k = 0
    for i = 1 to 10
    print tab(10 − i + 1);
    for j = 1 to 2 * i − 1
        k = k + 1
        if k>9 then k = 0
        print k;
    next j
    print
 next i
```

将图 3 所示由星号组成的图案,改为用数字符号实现,在原程序中加入计数器和条件语句,实现了图案的进一步变化。

求解问题 5:输出如图 5 所示由字母组成的图案。

```
    k = 65
    for i = 1 to 10
    print tab(10 − i + 1);
    for j = 1 to 2 * i − 1
        print chr(k);
        k = k + 1
        if k>90 then k = 65
    next j
    print
 next i
```

将图 4 所示由数字符号组成的图案,改为用字母符号实现,在程序中理解计数器的作用并结合 ASCII 码知识,稍作改变即可实现图案的变化。

图 3

图 4

图 5

教学示例三:实现自定义过程函数的基本典型问题

求解问题 1:将输入半径求圆面积的问题用过程实现(不带参数)。

```
public sub ymj()
  dim r as single, s as single
  r = inputbox("r = ")
  s = 3.14159 * r * r
  form1.print "s = ";s
end sub
private form_click()
  call ymj
end sub
```

一个过程即一个模块,不带参数的过程实质就是将源程序代码定义设计在一个模块中,使用时通过调用模块完成,从而理解自定义过程的意义和作用。

求解问题 2:将输入半径求圆面积的问题用过程实现(带参数)。

```
public sub ymj(byval r as single)
  dim s as single
  s = 3.14159 * r * r
  form1.print "s = ";s
end sub
private form_click()
  dim r as single
  r = inputbox("r = ")
  call ymj(r)
end sub
```

带参数的过程,实现了调用模块时的数据传递作用,体现了模块的应用价值。

求解问题 3:将输入半径求圆面积的问题用过程实现(带参数并返回值)。

```
public sub ymj(byval r as single, byref s as single)
  s = 3.14159 * r * r
end sub
private form_click()
  dim r as single, s as single
  r = inputbox("r = ")
  call ymj(r,s)
  print "s = ";s
end sub
```

过程定义时多增加一个参数(byref s as single),通过按地址传递的效果,一个真正有意义的过程模块便实现了。

求解问题 4：将输入半径求圆面积的问题用函数实现（带参数并返回值）。

```
public function ymj(byval r as single) as single
    s = 3.14159 * r * r
    ymj = s
end sub
private form_click()
    dim r as single, s as single
    r = inputbox("r = ")
    s = ymj(r)
    print "s = ";s
end sub
```

用 VB 程序语言中的函数模块设计同一个问题，过程和函数的区别就展现出来：如何自定义过程和函数、如何调用过程和函数、如何应用过程和函数等。通过上述输入半径求圆面积的简单问题的教学案例逐步展开，让学生的思维能力逐渐加强，从而掌握过程函数的知识内容。

上述几个教学示例均来自实际课堂教学，以计算机编程思想为导向，从一个简单求解问题出发，按正常的自然思维逐步过渡到计算机算法思想和计算思维上，从单一简单的程序设计逐步深入到综合复杂的程序设计，体现了掌握基本程序设计循序渐进的学习过程。

5 结 语

在程序设计课程中，通过程序设计方法和基本核心算法的传授来培养学生的计算思维是课程教学改革的核心。通过教学案例的精心设计和实践，可以证明，主动而有意识地将计算思维培养融入到理论教学和实践教学的各个环节，不仅有利于学生理解计算机求解问题的实现机制，更有利于学生用计算机学科的独特思维方式来思考问题和解决问题，对提高学生的思维能力、创造能力均有积极的作用，从而也提升了程序设计课程的教学效果。

参考文献

[1] 唐培和,徐奕奕,王日凤. 计算思维导论[M]. 桂林:广西师范大学出版社,2012.
[2] 陈国良,董荣胜. 计算思维与大学计算机基础教学[J]. 中国大学教学,2011(1):9—13.
[3] 孙丽君,杨志强,高枚. 围绕计算思维培养的程序设计课程改革[J]. 计算机教育,2013(3):29—31.
[4] 龚沛曾,杨志强. 大学计算机基础教学中的计算思维培养[J]. 中国大学教学,2012(5):53—56.
[5] 李廉. 计算思维:概念与挑战[J]. 中国大学教学,2012(1):7—12.

农业信息化领域教学改革与实践

顾沈明　吴伟志　吴远红

浙江海洋学院,浙江舟山,316000

摘　要：农业信息化领域是培养农业推广硕士研究生的重要领域之一。本文围绕农业信息化领域硕士研究生的培养目标与要求,根据自身的特点与教学实践,介绍农业推广硕士研究生的教学进程的内容及具体的改革方法与措施。

关键词：农业信息化;教学改革;教学进程

1　引　言

近年来,为适应我国经济社会快速发展对各类专业人才的需求,国家出台了一系列促进专业学位研究生教育发展的政策、措施,大力促进专业学位研究生教育的发展[1]。农业推广硕士专业学位经国务院学位委员会批准设置,定位于培养高层次应用型、复合型人才[2]。农业推广硕士专业学位是为了满足我国建设社会主义新农村的宏伟目标和发展规划对高层次专门人才的迫切需求,增强科学技术对农业生产的支持度,提高科研成果转化为生产力的效率及加大面向农业的科技组织与服务能力而设定的新型学位类型[3]。浙江海洋学院于 2008 年获得了农业推广硕士专业学位授予权,2009 年获得了农业信息化领域学位招生资格。农业信息化领域专业硕士学位点自招生以来,我们边培养、边探索、边改革,在各级领导的大力支持下,克服重重困难,胜利完成培养任务。重点是以提高学生能力水平为出发点,组织教学内容,优化课程体系,开展教学改革与实践。

2　教学进程的调整

浙江海洋学院农业信息化领域硕士研究生培养方案主要是依据国家农业推广硕士教指委下发的《关于制订农业推广硕士专业学位研究生培养方案的指导意见》(农推指委〔2005〕5 号),结合领域自身特点而制定的[4]。学制两年,第一年主要学习课程有公共课、领域主干课和选修课等;第二年主要是实习、毕业论文及答辩等。另外,第一学期导师安排一些补修课程,第二学期导师安排做科研,第三学期准备发表小论文,第四学期准备毕业有关材料。

对于这样的安排,导师们普遍反映时间紧,培养效果不好。第一年学生忙于课程学习,第二年实习之后忙于毕业,对研究工作投入精力太少,研究不深入,水平很难提高。学校听取多方面的意见,结合多方面的因素,决定课程教学的时间调整为一个半学期。主要的课程学习集中在第一学期,留少量课程安排在第二学期的前半个学期。课程学习之后,除了

顾沈明　E-mail：gsm@zjou.edu.cn

必要的实习时间外,主要精力投入到研究工作中,提高学生的科研能力与水平。

专业学位研究生教育强调个性化、专业化和精深化,是在导师指导下进行的一对一、面对面的培养。不同的专业学位研究生,其出身、来源、兴趣和个性均有不同,所以应根据其自身特点,因材施教,进行个性化培养[5]。因此,学生报到入学后,导师一旦确定,马上进入课题组,跟着导师做研究,达到提前进入研究状态的目的。在研究过程中发现不懂的知识马上进行补修,达到补修知识与研究工作同步进行。

3 教学内容的优化

农业信息化领域课程体系的框架主要按照国家农业推广硕士教指委下发《关于制订农业推广硕士专业学位研究生培养方案的指导意见》确定,在培养过程中已经根据实际需要做了一些相应的优化与改革[6]。浙江海洋学院在原来的基础上,进行了再一次改革与优化。

(1)增加了学校海洋特色的有关内容,例如,海岛海域有关的地理信息系统知识,海洋遥感信息处理知识,水下探测信息的获取技术方法等内容。

(2)增加了学位点的特色内容,例如,粗糙集分析方法与应用,粒计算的分析方法与应用。

(3)部分技术类的内容放到课外自学,要求学生在研发过程中边学习边应用。

(4)部分比较抽象的、比较难学理论知识,经讨论决定部分知识不再讲授。

4 学生培养

(1)淡化理论,强调应用。

尽管农业推广硕士在报考时对工作年限和学历有一定要求,但多数在学人员还是缺少足够的专业实践训练[4]。农业推广硕士是专业硕士,培养重点在于应用能力的培养。例如,在讲解神经网络内容时,只介绍基本原理、基本应用方法及应用实例。学生从模仿开始逐步掌握神经网络的基本使用方法,避免繁琐的数学推导过程。硕士研究生孙晓慧应用神经网络,对赤潮数据进行分析处理,做了大量对比实验,提出了改进方法,发表了"*An approach to forecast red tide using generalized regression neural network*"等学术论文[7]。

(2)学生参与导师科研。

学生通过参与导师的科研活动,学习了解如何开展科研工作,并得到锻炼与提高。硕士研究生杨玉芳参与了导师的课题,对遥感数据进行分析处理,应用粗糙集理论、粒计算思想方法进行研究,并做了大量仿真实验,发表了《空间遥感数据的多粒度标记分类》等学术论文[8-9]。硕士研究生李学先参加导师的科研项目"港口岸线资源实时监控关键技术研究与应用示范",学习了 ArcEngine、IDL 语言和 ENVI 软件。并且,以 3S 技术手段、辅助实地勘探测量和相关数据信息资料为依托,研究港口岸线资源智能提取算法,以开发港口岸线资源管理系统为目标,为港口智能化管理提供技术支持。

(3)鼓励产品研发。

学校加大外部优质资源拓展力度,通过校企、校政联合等方式加强与其他高等学校、科研单位、企事业单位在教学、科研、导师互聘、资源共享等方面的密切合作和优势互补,在服务地方经济的同时,也促进了学校自身的发展。鼓励学生跟随导师下企业,通过观察产品研发过程来提高水平。硕士研究生贺天舒对基于陀螺仪和侧斜仪传感器的自校正控制方法作了较为深入的探讨,并将其运用在稳定平台模型中,取得了良好的效果。硕士研究生沈涛采用硬件电路对海水养殖水质的数据进行及时采集和监测,将数据送入 PC 进行回归分析,从而得出海水水质变化的趋势,为养殖管理提供决策性的数据依据,及时进行预警,减少病害发生,对提高养殖管理水平和经济效益有现实意义。

(4)培养创新意识。

为鼓励研究生自由探索、增强创新能力,学校每年拨专款设立了研究生科技创新基金,注重营造浓郁的学术氛围。在学生参与导师科研的过程中,培养学生发现问题、解决问题的能力。特别是让学生学习了解专利的申报过程,如何选题、如何申报等,培养他们的创新意识。硕士研究生年浩在导师的引导下先后申报了"散热型笔记本电脑桌"、"充电式发热保温鞋垫"、"具有移动存储功能的新式光电鼠标"、"智能温控手机套"等专利,硕士研究生李雪在导师的引导下先后申报了"电磁按摩键盘"、"多功能电风扇"、"音乐电风扇"等专利。

5 结 语

浙江海洋学院开展农业推广硕士研究生培养时间不长,经验不足。希望在各级领导的大力支持下,一边培养一边摸索,逐步积累经验。到目前为止,我们顺利地完成了 2009 级、2010 级两届研究生的培养任务。我们要在农业信息化领域中,不断提高教学水平,培养出更多、更好的高级应用型人才。

参考文献

[1] 申长雨. 抓好专业学位研究生教育 努力为区域经济社会发展提供人才支撑[J]. 学位与研究生教育,2011(4):11-15.

[2] 董维春,马履一,远望. 努力构建具有中国特色的农科专业学位的研究生教育体系[J]. 学位与研究生教育,2001(12):13-17.

[3] 郭时印,欧百钢,李阿利,贺建华.农业推广硕士教育服务社会主义新农村建设的途径探析[J]. 学位与研究生教育,2008(3):17-21.

[4] 唐仁华,胡承孝,汪华.农业推广硕士课程体系优化原则与途径[J].学位与研究生教育,2011(1):44-47.

[5] 徐德龙,冯政清,李洪胜等.搞好专业学位研究生教育综合改革试点 探索多元化创新性精英人才培养新体系[J].学位与研究生教育,2011(4):15-18.

[6] 顾沈明,吴伟志,张威.农业信息化领域课程体系的优化与改革[J].计算机教学研究与实践,2012:7-11.

[7] Gu Shen-Ming, Sun Xiao-Hui, Wu Yuan-Hong, Cui Zhen-Dong. An approach to forecast red tide using generalized regression neural network: 8th International conference on Natural Computation (ICNC 2012), Chongqing, China, May 29-31, 2012[C]:201-205.

[8] 吴伟志,杨玉芳. 空间遥感数据的多粒度标记分类[J]. 计算机科学,2012,39(4):23-27.

[9] Wu Wei-Zhi, Yang Yu-Fang, Xu You-Hong. Some fuzzy topologies induced by rough fuzzy sets[C]. Lecture Notes in Artificial Intelligence, 2011(6954):156-165.

创新创业教育与高职计算机
专业教育体系的相融性研究

贾淑红

浙江建设职业技术学院人文与信息系，浙江杭州，311231

摘　要： 创新创业能力培育与高职计算机专业教育体系存在失衡的问题，通过对创新创业能力培育的现状调查，总结出创新创业能力培育与高职计算机专业教育体系融合的途径。

关键词： 创新创业；高职；教育体系；相融性

1　创新创业能力培育与我国高职专业教育体系存在失衡的问题

2010 年 5 月，教育部在《关于大力推进高等学校创新创业教育和大学生自主创业工作的意见》（以下简称《意见》）中要求，高等学校创新创业教育要面向全体学生，融入人才培养全过程；要以改革人才培养模式和课程体系为重点，大力推进高等学校创新创业教育工作，不断提高人才培养质量。

《意见》精神表明，高等职业技术教育的根本不单单是"找饭碗教育"，更应该是"造饭碗教育"，创新创业元素必须被包含在当代高职教育体系中，将以创新意识培养为目的的创业教育作为人才培养的重要模式。目前我国处于经济转型时期，教育的重点在于培养学生的创新意识、创业能力。

近年来，大学生面临着日趋严峻的就业形势，这种现象已经引起社会的广泛关注，究其原因是高职传统专业教育体系与市场需求脱节，大学生创新创业能力培育的重要性已经凸显出来。然而，目前关于创新创业能力培育的理论研究往往都是撇开高职专业教育体系，将其独立于高职专业教育体系之外单独研究，往往局限于单一的、独立的操作层面和技能层面，从而导致创新创业能力培育与专业教育和基础知识学习的脱节，导致对学生创新创业能力培育认识和理解上产生误区，似乎创新创业能力培育理应独立于专业教育体系之外，与其关系不大。这种误解容易导致在教学实践中两者自成一体、相互冲突，并削弱各自的教学效果，失去整体效应。目前，这种"两张皮"现象，在一定程度上影响着高职专业教育体系的实效性，也制约着创新创业型专业人才培养。

2　创新创业教育的发展现状调查

创新创业教育是 20 世纪 80 年代初期西方国家提出的一种全新的教育理念，把培养具

贾淑红　E-mail：wxyjsh@163.com

有创业意识和能力、并具有开拓精神的人才作为培养目标,将研究、教育、商业训练结合起来,通过研究、模拟演练,培养学生创新创业的意识、心理品质和创业能力,为从事商业、企业活动和就业做准备。经过 30 多年的发展,创新创业教育理念已经融入西方教育体系中,很多成功案例已经在世界范围内推广和发展,其教育模式已非常完善和规范。

在我国,不少高职院校开展创新创业教育多流于表面形式,因为目标不明确、急功近利的思想比较严重,导致创新创业教育效果不理想。以浙江省为例,高职院校的创新创业教育整体上还处于起步摸索阶段。我们通过文献检索、实地考察等手段了解到目前现状如下:

(1)对浙江省内 30 多所高职院校调研,目前开设创新创业类课程的学校为 40% 左右。其中,以公共选修课形式开设的占 91.1%,作为专业课组成部分的仅占 8.9%,开设的创业类课程主要有创业讲座、大学生创业教育、淘宝创业等,开设此类课程的院校主要是比较重视创新创业的院校,基本上都是师资力量较强、办学时间较长的院校。

(2)大多数教育工作者也缺乏对创新创业教育内涵的正确认识,以至把创新创业教育简单地理解为鼓励学生创办企业,这种状况严重地制约高职院校创新创业教育的实施与发展。目前浙江省内拥有大学生创业园的高职院校有 20 多所,有上百家高职学生注册的公司,但总体情况都是创新教育归团委管理,创业教育由招生就业处负责,相互之间工作缺乏有效沟通,资源共享机制没有完全建立。

(3)在中国知网上进行相关检索,如对"创新创业"关键词检索,有 1.2 万多条相关文献,这些研究主要集中在创新创业教育的理念、内涵、目标及意义,创新创业教育的模式,创新创业教育体系的构建等方面,并已取得了初步成效。但是对"创新创业与专业教育体系"关键词检索,仅有相关国内文献 3 篇,最早研究时间为 2010 年 3 月,这说明创新创业教育要与高职专业教育体系相融合的理念已经处于萌芽状态,但还不成熟,仍有很多内容需要进一步研究,以弥补这方面的空缺。

全面分析高职院校学生创新创业能力培育,目前主要存在以下 3 个问题:①创新创业能力培育与传统高职专业教育体系互相割裂、缺乏有机联系;②创新创业课程与高职专业教育体系中的学科教学内容之间没有优化;③高职教育体系中的专业知识学习与创新创业实践没有结合等。

3 创新创业能力培育与高职计算机专业教育体系相融合

创新创业能力培育在我国高职专业教育体系中占有重要地位,要把两者融为一体,需要把创新创业能力培育分解落实到高职计算机专业教育体系具体的人才培养方案中,组合课程结构模块,形成以专业为基础的创新创业教育体系。关于高职创新创业能力培育与高职计算机专业教育体系融合的途径,主要从以下几个方面进行研究:

3.1 教育理念的融合

将创新创业能力培育理念融入高职计算机专业教育体系中。正确认识两者关系,去除传统、单一的教育理念,树立融创新创业教育于计算机专业教育中的全新教育理念。

3.2 人才培养目标的融合

将高职计算机专业教育人才培养目标与创新创业能力培育目标相融合。因为目前的高职专业教育体系中包含的人才培养目标,未体现创新创业能力培育的目标,不利于创新创业教育活动的规范、持久开展。因此,调整现行高职计算机专业教育的人才培养目标,将创新创业能力培育的目标融入到专业人才培养目标中,从而体现创新创业教育的目的。人才培养目标明确、定位合理,便于引导高职专业教育体系中各项教育活动的统一开展。

3.3 课程体系的融合

创新创业教育课程体系设置应与具体专业的人才培养目标定位、专业课程体系设置紧密结合起来,考虑课程内容的前后衔接、连贯及过渡关系。考虑到具体专业的特点,在具体的课程教学中通过专题教学、案例教学、任务驱动式教学等多种形式和手段培养学生的创新创业能力。通过理论课模块和实践课模块、课内环节和课外环节相结合,规范、完善创新创业教育课程体系,将其融入到专业课程体系内。

3.4 教学内容的融合

在原有的教学内容上要注重专业实践与创业实践相结合,理论教学中要注重学生创新思维和创业意识的培养。在教学计划的设置上,可以设置专家讲座、第二课堂等,学习年限上可以推行弹性制,为工学结合和创业的学生提供方便条件。要善于利用校企合作、大学生创业园或校内外创业实训基地建设等模式实施教学,注重校内创业基地的建设与实际创业实践活动的一致性,增加学生的创业知识和创业技能。

3.5 考核方案的制订和完善

考核方案包括对学生创新创业教育课程学习效果的考核和教师相关工作量的考核。由于创新创业教育自身的特点——形式灵活多样、模拟演练和实践环节多、难以统一评价标准、难以量化等,制订考核评价方案要灵活、恰当,一切以学生的素质提高和长远发展为标准,改进原有的教学评价体系,采用能激发学生创新意识的多元教学评价体系。考核过程要融入高职专业教育体系中,实现无缝对接,形式灵活多变,体现在各学科的教学过程中。

3.6 师资及教学管理保障

在师资保障方面,要鼓励专任教师下企业锻炼,同时聘请企业的能工巧匠进课堂。在教师资源建设方面要从专任和外聘两方面进行管理,但是要以校内师资为主、校外师资为辅。校外师资主要是聘请创业成功人士来校给学生作专题讲座,对模拟创业演练活动给予相应指导、点评;并且,各专业教师应将创新创业能力培育融入日常教学。在保障师资的同时,学校在教学管理等方面要加以保障,制订、完善相关的教学管理规章制度。

综上所述,加强高职院校创新创业能力培育,就必须将其融入整体教育体系中,两者虽不能相互替代,但是能相互影响与补充。只有两者融合,才能获得完整的人才培养途径和管理机制的操作程序,从而为我国高等职业技术人才培养模式开拓一条全新之路,推动我国职业教育质量的提高。

参考文献

[1] 马德龙. 高职院校创业教育的实效性研究:以温州职业技术学院为例[J]. 教育与教学研究,2009,23 (05):103—106.

[2] 王福英,林艳新,候新. 创新创业教育与会计学专业教育融合探讨[J]. 会计之友,2010(3):123—124.

[3] 罗金凤. 论高职学生的创业教育[J]. 中国成人教育,2002(12):22—23.

[4] 陈加明,郭伟刚. 杭州职业技术学院基于学生创业园的创业教育[J]. 职业技术教育,2009(24): 73—75.

网络设计与工程课程实验设计与实践

蒋巍巍　　王海舜

浙江中医药大学信息技术学院,浙江杭州,310053

摘　要：针对"网络设计与工程"课程强调动手实践能力培养的特点,提出了在单项实验基础上开展综合实践的设计方案,结合实验室开放等手段强化实践效果,并通过实践考核检验教学成效。

关键词：网络工程;实验教学;教学改革

"网络设计与工程"是浙江中医药大学计算机专业的网络管理与维护方向的必修课程。通过讲授网络通信基本原理和网络设计、工程安装等基本技能,参与网络安装、调试、维护的实验、实践,使学生掌握计算机网络软硬件的基本配置和维护技术。实验环节在课程教学活动中占据了举足轻重的地位。如何合理设计实验方案、切实强化实践效果,继而帮助学生消化网络工程原理、掌握管理维护技能,是本课程教学改革必须思考和解决的问题。

先修课"计算机网络基础实验"的内容涵盖简单组网、网络命令、网络应用、协议分析、网络设备、子网划分等主题,初步接触了交换机和路由器的简单配置[1];选修课"计算机网络安全实验"侧重密码学、安全策略、防火墙等主题。由此,本课程实验的设计思路是以前期课程掌握的技能为基础,围绕中型局域网组建能力培养的主题筛选任务。利用以太网和串行接口安装和配置交换机、路由器,组建简单局域网,并进行初级的故障排除、性能分析和安全过滤。

1　单项实验设计

单项实验围绕理论课程的教学进度设计,旨在实践和掌握特定技术知识点。单项实验以2个学时为一个教学单位,共有8个项目[2],如表1所示。由于计算机网络实验室选购的设备是CISCO的产品,因此教学内容参考了CCNA认证大纲,实验任务也基本涵盖CCNA认证范围[3]。

表1　单项实验项目清单

实验项目	主要知识点	每组设备
基础练习实验	网络命令、协议分析、模拟器、IOS基础	1台PC
交换机配置与VLAN划分实验	IOS基础、VLAN、VLAN Trunk	2台PC、2台交换机
基于VTP的交换机间Trunk实验	VLAN Trunk、VTP、STP、端口镜像	2台PC、2台交换机
路由器基本配置实验	PPP(CHAP验证)、静态路由	2台PC、2台路由器

蒋巍巍　E-mail:Dill99@zjtcm.net

王海舜　E-mail:whs@zjtcm.net

续表

实验项目	主要知识点	每组设备
VLAN 间通信实验	独臂路由、三层交换	2 台 PC、1 台三层交换机、1 台路由器
路由器 NAT 配置实验	ACL、NAT	2 台 PC、1 台路由器
基于 RIP/EIGRP 路由配置实验	RIP、EIGRP	3 台 PC、3 台路由器
单区域 OSPF 配置实验	OSPF、默认路由、路由重分布	3 台 PC、1 台交换机、4 台路由器

　　基础练习实验主要是对计算机网络基础实验相关知识的复习和深化,起到一个承上启下的作用。考虑到便于学生课外自主实践,该实验中引入了模拟器软件的使用练习,要求学生利用模拟器学习和掌握 CISCO IOS CLI 配置方法和常用命令。其余 7 个实验项目围绕交换路由设备互联的主题展开,主要内容包括交换部分的虚拟局域网(VLAN)、中继(Trunk)、VLAN 中继协议(VTP)、生成树协议(STP)等,路由部分的路由协议、访问控制列表(ACL)、网络地址转换(NAT),以及独臂路由、三层交换、接入广域网等。实验中不但要求学生练习和掌握基本的配置命令,还应熟悉基本的查看与调试方法,学习和积累排错经验。通过这些任务实践,学生将能掌握安装、配置、运行中型路由和交换网络所需的相应知识和技能。

2　综合实验设计

　　虽然单项实验能有效帮助学生巩固某一知识点,但实验间缺乏必要的联系,导致学生对课程知识缺乏全局和整体的认识。为此,我们在单项实验的基础上,设计了一个涵盖所有任务的综合实验项目[2]。如图 1 所示,将各知识点有机融合到一个网络拓扑上,呈现给学生一个完整的交换和路由网络。该方案一方面贴近实际,仿真还原现实网络的主流技术;另一方面涵盖前期各单项实验的所有知识,是实验内容的完美综合。当然,综合实验并非单项实验的简单求和,而是对知识理解的提升和综合应用的强化。

　　综合实验的拓扑依据我校计算机网络实验室布局设计。在实验室的每张实验桌放置 2 台设备,然后借助若干传输介质互联成一个完整的网络。实验拓扑分成左右 2 大部分,设备命名分别用编号"1X"和"2X"进行区分。这两部分分别由 1 个分配私有 IP 地址的内部局域网、1 个提供网络接入服务的自治系统构成。

　　左侧的 S18、S19、R17 采用 VTP 和独臂路由技术组建了一个多 VLAN 的内部局域网,其借助 R16 提供的动态 NAT 连通至外部网络;技术机理与右下侧 S28、R27、R26 组建的局域网相似。中上侧虚线框中的 R11、R12、R13,右侧虚线框中的 R21、R22、R23、R25 分别组成了 2 个各自运行内部网关协议的自治系统,用于模拟两家提供接入服务的因特网服务供应商(ISP)。

　　由于课程内容并不涉及外部网关协议的具体应用,因此自治系统间的互通由 R10、R20通过静态路由实现。为了接近真实网络,拓扑中将 R15 设计成了提供内容服务的节点,其环回端口 Loopback0 模拟某知名网站。R15 与 2 个 ISP 都有直接的网络接入。为突出重点,拓扑中未标示 PC,学生可根据测试需要在合适位置自行加入。

　　在完成所有设备的配置后,预期的实验结果是两大自治系统 ISP1、ISP2 的主干网上任

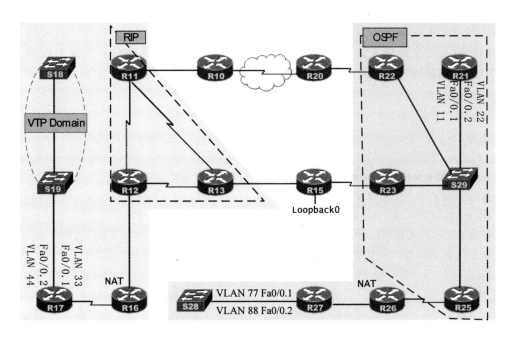

图 1　综合实验拓扑结构

意两点间都能互相 Ping 通;2 个内部局域网分别能 Ping 通主干网上任意一个节点;所有节点都能 Ping 通 R15 的环回端口。

3　实验室课外开放

为了保证每个同学的工作量,一般建议 4～6 人一组开展综合实验。综合实验方案仅指明了总体思路、实验要求和任务提示,没有提供具体的命令清单。小组成员需要通过分析和讨论,在充分理解网络拓扑所反映的整体设计思路后,分工梳理每台设备的配置过程,完成实验准备。

完成这项综合实验需要相对充足的时间保证。因此,在教学进度进入综合实验环节,计算机网络实验室将安排 2～3 周时间,面向学生进行实验室开放。只要没有教学冲突,实验室随时可供学生预约实践,包括晚上和周末。为了确保完成实践,一般建议一个小组预约完整的一天,从实验拓扑搭建开始,进行设备配置和排错调试,直到成功通过实验测试。

4　结　　语

在完成项目实践后,利用综合实验内容安排实验考试。每场考试安排 18 位学生,对应实验拓扑中的 18 台设备,考前 5 分钟通过抽签随机选择一个进行考核。要求学生在规定时间内闭卷完成对应的配置任务,从而检验学生的掌握情况。由于不可能确保每位学生都能正确配置,而且对每位学生的考核评价必须独立客观。因此,实验考试只要求学生记录运行配置文件中因其配置而改变或新增的内容,不要求通过网络连通性测试。

从学生座谈、考试情况、实习生反馈等情况表明,目前开展的课程实验能较好地配合理论课程,促进学生理解交换路由网络知识、掌握网络工程实践技能。尤其是通过综合实验的强化训练,成功完成任务能极大地激发学生对网络工程技术的兴趣和工程实践的自信心。当然,受实验设备和课时等因素制约,实验项目尚未覆盖语音、无线等新兴的网络热门技术。

参考文献

[1] 蒋巍巍."计算机网络基础"课程教学改革与实践[J]. 教育教学论坛,2012,1(37):155-156.

[2] 蒋巍巍. 网络设计与工程实验内容[EB/OL]. http://dill. zjtcm. net/new /index. php/2009-03-07-03-27-06/2009-03-07-07-15-41. html. 2013-05-20.

[3] 李祥瑞.CCNA 学习指南:CISCO 网络设备互联(ICND2)[M]. 北京:人民邮电出版社,2008.

基于"三阶递进校企合作"的高职
动漫专业实践教学体系探析

金斌英   阮 威

台州职业技术学院,浙江台州,318000

摘 要: 校企合作、工学结合是体现高职职业教育特色的技能型人才培养途径。在此基础上实践基于"三阶递进校企合作"的高职动漫专业实践教学体系,真正实现了校企合作在整个人才培养过程的全程化,从源头实现了教学与实践相结合。结合项目化课程设置,解决了学生顶岗实习与课程设置冲突的问题。既能发挥学校和企业各自的优势,又能共同培养社会与市场需要的人才,增强了学生的就业竞争能力。

关键词: 校企合作;工学结合;三阶递进;实践教学体系

1 引 言

坚持以就业为导向,在校方和企业共同推进"校企合作、工学结合"人才培养的大形势下,如何共同探索全方位多模式深层次的校企合作方式,研究实践教学体系实施开展是当前高职院校与企业共同的问题。企业追求的是经济利益最大化,学校追求的是办学任务和效益的最优化,学生追求的是成才和就业的便捷化,校企合作实践教学必须使三方找到真正的结合点,实现多赢,这是校企合作实践教学模式能否顺利进行的关键[1]。

教学体系主要分为课程体系和实践体系。我国高职教育课程体系经历了"学科本位"、"能力本位"和"工作过程导向"三次较大规模的变迁。高职课程体系或是强调学生发展,或是强调学生就业。学者们就教学体系中存在各种各样的问题提出了各自的观点:王凤基提出构建以"学生职业生涯发展"为导向的课程模式[2]。刘玉新认为应该从高新技术与技术应用能力的关系、理论教学与实践教学的关系、软件建设与硬件建设的关系、效益与投入的关系这四个方面入手来构建实践教学体系[3]。丁金昌提出高职系统化、多层次实践教学体系,他认为高职实践教学体系分为三个层次,即基本技能训练、综合技能训练、创业创新能力培养[4]。

金斌英   E-mail:36496268@qq.com

阮 威   E-mail:ruanwei@yeah.net

2 存在的问题

2.1 实习实训条件的限制

(1)校内实训基地。和企业的高新设备不同,高职院校由于资金问题导致设备数量不足且比较落后,加上能真正很好地指导学生实践的"双师型"教师不多,校内实训条件的不足成了很多高职院校面临的一个共同的问题[5]。

(2)校外实习实训基地。和传统企业不同的是,动漫企业多为新兴创意企业,国家扶持力度较大,发展空间大。在企业眼中,实习生虽然工作经验不足,但是贵在具有扎实的专业技能和良好的创意想法,可塑性强。因此企业较欢迎实习生加入企业团队,但新兴动漫企业多为小规模企业,不像传统企业能一下接收大批的实习生;另外,由于动漫企业多为项目化工程,实习生的流动性和不稳定性,造成动漫企业大都不愿意将实习生安排到较核心的技术岗位上进行顶岗实习,使得校外实习实训基地不稳定。

2.2 学生方面的问题

(1)大多数学生是独生子女,缺乏锻炼,吃苦耐劳精神不足,对自己的职业生涯规划不足。有些学生即将顶岗实习了,仍不清楚自己想干什么、能干什么。到了企业,总是埋怨太辛苦,埋怨没有接触到核心技术。

(2)实习时仍然存在"学生本位"而非"职工本位"。有的企业抱怨,学生一到学校放假,很自觉地就放自己假了。企业追求的是效率和利益至上,一个项目不可能因为假期而停滞。

2.3 教师方面的问题

部分高职院校教师是从大学或研究生毕业后直接进入学校当老师,而本科教育接受的主要是理论教育,高职教育注重实践过程。教师教育教学水平和理论技能操作强而实际实践能力不高,使得学生动手能力弱而导致学生在初就业时信心不足,就业上手慢等问题。

3 我校动漫专业实践教学体系

3.1 "三阶递进校企合作"实践教学模式

引导学生制订自己的职业规划,将企业文化渗透到日常生活中,在学生大学三年的学习过程中贯穿良好的职业素养教育。图 1 为"三阶递进校企合作"实践教学模式。

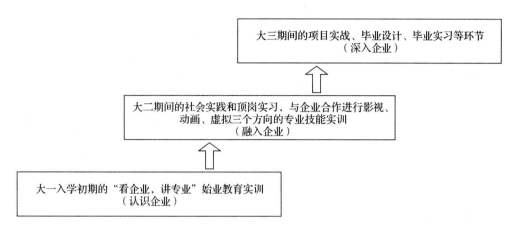

图 1 "三阶递进校企合作"实践教学模式

（1）第一阶段：入学初期的始业教育。

我院动漫专业在新生入学初期，组织新生"看企业、讲专业"始业教育，让学生认识接下来三年所要学习的专业内容、了解未来工作行业行情；了解作为企业优秀员工应该具备的职业素养：良好的职业道德、诚信品质、敬业精神和团队精神；了解应该如何养成良好的学习习惯，如何培养较强的学习能力、实践能力、创造能力、就业能力、创业能力和沟通能力。在大一阶段就要求学生为自己设计职业生涯规划，认真对待自己的大学生涯。

始业教育主要包括：带新生到相关企业参观；请动漫专业影视、平面、动画类企业一线技术人员作为兼职教师以小班讲座形式为新生讲授在企业的经历和企业的要求；动漫专业带头人或教研室主任为新生讲解三年的学习目标、学习内容、学习方法；请优秀的学长传授学习经验和良好的学习习惯。

新生一入学，总是带着很多疑问和对专业的不解，因此在企业教师、学校教师、学校学长的小班讲座式授课过程中，首先必须要根据企业的岗位能力要求，明确学生未来的就业岗位、岗位能力要求和岗位核心能力。其次，要注意与新生的互动，通过开拓式授课方式树立新生对专业的兴趣，如欣赏国内外知名的动画、影视作品、广告作品；设置思考、提问时间；鼓励同学制作感兴趣的手工艺品、动漫衍生产品等。这些都大大提高了学生设计与创造制作的兴趣，无形中提高了他们的操作能力和创造性。不仅满足毕业即就业的需求，也使学生具备较强的发展后劲。

（2）第二阶段：社会实践和顶岗实习。

第二阶段主要是大二阶段与企业合作进行影视、动画、虚拟三个方向的专业技能实训，暑期的社会实践和双证要求之一的职业资格证书考试。学生在"教、学、做"一体化教室、校内实训中心、校外实训基地进行专业技能课、实训锻炼、顶岗实习的工学结合专业技能培养，主要由行业企业一线的技术人员担任专业兼职教师实践教学和指导，在学校与企业之间交替进行，由学校和企业共同完成。比如，学校建有工学结合实训室，学生可以在实训室进行实训锻炼，也可到校外实训锻炼。从大二下学期开始，学生的课程形式主要为项目实战课程，学生可以将项目带至相关的企业，在企业真实岗位上完成，解决了顶岗实习和课程设置冲突的问题。

(3)第三阶段:项目实战、毕业设计、毕业实习。

大一、大二的基础技能学习、始业教育、社会实践和顶岗实习为学生打下了坚实的实践基础。在大三阶段通过项目实战、毕业设计、毕业实习环节让学生深入企业。学生参与实践锻炼,独立完成岗位工作,锻炼学生就业技能综合素质,提高专业实践能力、组织管理能力、适应能力、发现和解决问题能力、心理承受能力、人际交往能力、应变能力等。

"三阶递进校企合作"实践教学模式每个阶段都有企业的深度参与,以企业生产活动和职业岗位能力分析为基础,以行业职业能力标准和行业职业资格证书为依据,以培养学生的职业能力、职业道德及可持续发展能力为出发点,让学生从进入大学校门起就建立就业意识和明确学习目标。

3.2 项目化课程开发

我校动漫专业项目化课程以社会发展和学生个性发展为依据,强调课程的综合性和整合性。学生不仅学习理论和技能,也要掌握学习技能的过程和方法,包含学习过程和方法中蕴含的积极情感、态度和价值观。动漫企业多为接单式项目制作,非常适合开展项目化教学。将企业实际的项目经过改造后引入到课堂,学生在实际的项目操作中获得经验。项目化教学使得学生校内学习与实际工作达到一致,校内成绩考核与企业实践考核相结合,实现学习与工作的一体化。

在项目化教学实践的不断探索中,我校动漫专业设计出适用于项目化教学的 CDCSA 课程教学链。如图 2 所示,在课程的每一个项目实施中,把实际工作过程与教学相结合,将具体划分为 5 个模块,依次为:项目构思、解决方案设计、协作实践、产品服务(客户反馈、产品汇报)、考核评价[7]。考核评价采取企业标准,对每个模块进行考核,贯穿整个项目设计制作过程。CDCSA 项目化课程教学链更注重学生的实践操作、团队合作和解决问题的能力,将课程评价标准与教育标准、企业标准和行业标准有机统一起来。

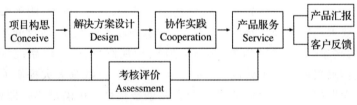

图 2　CDCSA 项目化课程教学链

3.3 专兼结合、结构合理的双师结构师资队伍

(1)"双师型"教师队伍建设。

教师素质对学生教学起到关键作用,我校动漫专业主要采取"请进来,送出去"方式建立起一支"双师型"专业教师队伍:"请进来"是聘请企业优秀技术人员作学术报告,聘请有实践经验的工程技术人员对教师进行操作培训对教师进行"实践能力"培训等。"送出去"是指从校内选派教师到企业参加实习和挂职锻炼,参与企业业务实践,同时帮助企业解决管理及技术方面的实际问题。

(2)建立稳定的兼职教师队伍。

除了稳定的专业教师队伍,还需从企业聘请既有扎实的理论基础,又有较强实践经验的优秀一线技术人员进入学校进行实践课程的教学,指导学生进行实训教学和业务操作,组建综合素质过硬的兼职教师队伍。

以专业教师下企业解决技术难题,企业兼职教师进课堂讲授实践课程为主要途径,根据"校企互通、专兼结合、动态组合"的原则[6],重点加强专业带头人、骨干教师和兼职教师队伍建设,建设一支素质优良的"双师型"专、兼结合的教师队伍。

3.4 校企合作

(1)校企共建课程体系。

聘请企业一线优秀技术人员与校内专业教师共同组建实践专家指导委员会,制订委员会章程,并每年召开委员会会议,探讨与解决课程设置和校企合作过程中的问题。学校在基础教育和拓展课程的基础上把岗位职业能力标准作为教学核心内容,针对企业的发展需要合作开发核心课程和实训教材,并根据产业需求、就业市场信息和岗位技能要求组建课程群。

(2)实习实训。

真实的工作环境对学生职业素质的培养有着不可替代的作用,学校与多个合作企业建立紧密型校企合作基地,全方位开展校企合作。由于新兴的动漫企业规模对实习生数量的限制,多采取分散安排的方式进行实训实习,中小型合作企业每次接收3~5位实习生,更方便指导教师的指导和管理工作。指导教师深入企业通过各种途径进行沟通,解决学生在实习实训中出现的问题,从而提高学生、学校、企业互动的积极性,形成实习基地良性循环,促进学校与企业的相互支持、渗透和融合,确保校企合作有效进行。

4 结 论

基于"三阶递进校企合作"的实践教学模式将学生实践实训贯穿整个大学学习过程,教学与实践相结合,既能发挥学校和企业各自的优势,又能共同培养社会与市场需要的人才,增强学生的就业竞争能力。在学习专业技能的同时学习企业文化以及企业的规矩秩序和团队精神,使学生在学会做事的同时,更学会做人,让学生在企业能留得住、干成事、做得好。

参考文献

[1] 张晋.高等职业教育实践教学体系构建研究[D].华东师范大学,2008.
[2] 王凤基.对我国高职课程体系改革的分析与思考[J].高教探索,2010(4):98—102.
[3] 刘玉新.浅议高等职业教育实践教学体系构建[J].中国成人教育,2010(16):80—81.
[4] 丁金昌.高职系统化、多层次实践教学体系研究[J].教育发展研究,2010(23):75—78.
[5] 左晓琴.高职教育工学结合人才培养模式的创新[J].教育与职业,2012,3(9):29—30.
[6] 李卫平,许奇,钟雷.高职教育实习实训存在的问题与对策[J].中国建设教育,2009(4):40—42.
[7] 陈丽婷,詹青龙.高职工科专业 CDCSA 项目化课程教学链探索与实践[J].中国职业技术教育,2011(11):49—52.

本科数据库课程教学改革的研究与探索

陆慧娟　徐展翼　高波涌　何灵敏

中国计量学院信息工程学院,浙江杭州,310018

摘　要:作为高等院校计算机人才培养的一门重要课程,数据库课程的理论性和实践性都很强。而随着教育改革的深入以及大数据时代的到来,数据库的重要性愈加突出,很多高校也相应地对数据库系统原理课程进行了教学改革。传统的数据库教学模式到底存在什么不足与问题,怎样进行教学改革,如何才能培养出适应社会的数据库人才,是本文研究与探索的重点。文章提出了目前数据库人才培养存在的问题,并从科学安排教学体系、精心组织教学内容、重视教学实践、鼓励参与科研活动四个方面对数据库课程教学改革提出了相应的建议。

关键词:数据库课程;教学改革;实践;人才培养

1　引　言

　　数据库技术是计算机科学的一个重要组成部分,在现代社会中的应用越来越广泛,也是计算机科学在应用技术领域表现很活跃、发展很迅速、应用很广泛的一种实用性技术。随着大数据时代的到来,社会对数据库人才的需求将会呈现爆炸式的增长,能力要求也将明显提高。这就要求数据库管理和应用人员不但能熟练掌握当前主流的数据库管理系统,而且还要掌握该领域的前沿技术,具有较强的自学能力,能够适应新技术的产生和发展。

　　数据库课程是《中国高等学校计算机科学与技术专业学科教程》中规定的9门核心课程之一,也是本科阶段计算机专业的必修课。以数据库为核心的信息系统已成为企业或组织生存和发展的重要条件,因此需结合本课程特点,注重培养学生分析和解决实际问题的能力,进而学会利用数据库很好地进行开发、解决实际应用问题,并为后续的专业课程学习奠定基础。

　　本课程要求在理论教学上以"必需、够用"为原则,应尽量避免过深过繁的理论探讨。通过本课程的学习,不仅能使学生正确理解数据库的基本概念和原理,又能熟练掌握数据库的设计方法和应用技术,并能在软件开发的过程中正确、合理地运用,最终将引导学生逐渐掌握进行数据管理和处理的技术。

　　数据库课程具有很强的理论性、系统性和实践性,并且技术更新快。而作为培养数据库应用人才的主要基地——高等院校,承担着举足轻重的责任。然而通过对高校教学的分析,发现在实际的教学中,有的高校仍然采用传统的教学模式。①高校给学生安排的数据库课程的理论课时较为紧凑,实践课时则较少;一般只注重理论的系统性,而忽视课程的应

───────────────
陆慧娟　E-mail:Hjlu@cjlu.edu.cn

用型和针对性,致使理论教学和实践应用相脱节,难以适应现实的需要。②应用课程的教学局限于低端数据库系统平台,对大型数据库系统的管理和应用涉及较少,不能很好满足企业对人才的需求。③教学内容组织不合理,导致课后作业、上机实践和课程设计,几乎都是学生的个人行为,而且是抱着应付差事的心理被动地完成,老师和学生之间几乎无互动性可言。④对实践教学环节不够重视,造成学生在实际操作中只注重结果正确与否,而不注重完整知识结构的建立和分析能力的培养[1]。

2　数据库课程教学中存在的问题

笔者多年来一直从事高等院校计算机专业"数据库原理及其应用技术"课程的教学工作,而且该课程于 2006 年被评为省级精品课程。根据多年的教学经验和教学改革方法的研究收获,对该课程进行了深入的研究与探索,并把教学中存在的不足与问题总结如下。

2.1　对理论与实践的统一重视不够

"数据库原理及其应用技术"课程一般包括数据库原理、设计和应用三部分。原理应是基础,设计和应用是提高,三者之间是相辅相成、相互促进的。但是一部分院校的教师授课过程中基本是前半部分集中介绍数据库的基本理论,后半部分重点介绍一种具体的数据库管理系统;课堂讲授多,实践动手少,重点偏向理论教学,较少涉及数据库应用技术;也有完全以数据库操作为目标,重点偏向流行数据库开发工具的使用,忽视甚至放弃数据库原理的教学,不注重数据库理论知识的学习[2]。

2.2　教学目标不明确

根据多年对本校学生的调查和与相关院校的交流而获得的反馈信息,发现一些普遍存在的现象,如学生对理论知识的学习兴趣不高,不知道所学理论有什么用处、怎么用及何时用。学生大多认为数据库知识抽象,难以理解,很多都是为了学习而学习,为了考试而临时看书。有的学生理论知识掌握得很熟练,可在实际应用过程中却无从下手,无法将理论和实践联系起来,导致学习目标不明确,学习效果不理想。

2.3　教学方法单一

教师不能依据教学诸元素的需要而选择、整合各种教学模式,教学方法单一。要么只会用"讲授法",每节课教师独霸课堂,一讲到底;要么满堂讲变成满堂问;要么一律采用讨论式教学和分组探究式学习,追求课堂气氛的"轰轰烈烈",讨论形式的"多种多样"。

这些低效、单一的教学方式使课堂缺乏思维的力度和触及心灵的精神喜悦,不仅使学生没有学会科学思维方式,没有提高对数据库课程学习的兴趣,反而费时费力甚至造成教师无法按时完成教学任务。

2.4　教学实践缺乏工程化原则

软件开发应该是一个工程化的合作性工作,企业数据库的应用开发也是如此。这就要求把软件工程的开发原则贯穿于数据库产品的整个开发过程,使学生尽快形成深刻的工程化概念。然而在好多高校的实际教学工作中,老师交给学生的实践项目、任务等,完全忽视了软件工程的开发原则,全是学生一个人按照自己的习惯等进行完成;老师也不具备工程化意识,对学生的考核也没有使学生认识到工程化原则的重要性。

2.5 考核方法陈旧

很多高校对于该课程的考核,还是采用理论考试作为最终的考核成绩,而忽视了数据库课程实践的重要性。考试的内容也基本是关于数据库中的基本概念、基本理解,记忆的内容居多,如填空题、简答题。卷面上仅有的应用题型也是让学生通过手写完成的,结果的判断也不是通过在实际系统中运行而得出的。这样的考试造成大部分学生以考试为目标,考试前死记硬背一些概念理论,不注重实践操作,严重背离了高校综合型人才的培养目标[3]。

3 数据库课程教学的几点建议

3.1 改变传统教学模式,增强师生之间互动

改变传统教学模式,把教学过程看作是一个动态发展着的教与学统一的交互影响和交互活动的过程。在这个过程中,通过优化"教学信息互动"的方式,即通过构建新型的师生关系以及教师活动、学生活动、师生活动三位一体的教学活动体系,形成和谐的师生互动、生生互动、学习个体与教学资源的互动,强化人与环境的交互影响,以产生教学共振,充分利用教学资源,达到提高教学效果的目的。通过改变教学模式使师生在课堂教学中形成这样的关系:教师从"教会"到"不教",学生从"学会"到"会学"。通过师生互动使师生在课堂教学中完成"两个转变":把课堂教学中学生消极接受局面转变到把课堂教学视为学生通过自主学习主动构建知识的过程;把教学过程中教师单向传授知识的教学行为转变到通过构建信息交互体系,开展师生、生生、教学个体与教学资源之间的交互活动,多渠道获取知识的过程教学行为。改变传统教学模式,增强师生间互动还要结合新课程的理念,把单一的结果评价方式转变到立体的过程评价上来,初步建立"以学生为主体,以学习活动为教学主要内容,以促进学生的个性发展为目标"的师生互动型课堂教学模式,并通过研究建立互动型集体备课制度和互动型立体评价体系,体现"以人为本"的教育观,确保每个学生学有所得。

3.2 科学安排教学体系,精心组织教学内容

科学安排教学体系,既要保证教学内容的完整性与先进性,又要使学生容易接受,愿意接受。在实际教学中要打破传统课程界限,由相关教学部门综合考虑教学目标、教学规划、培养目标和课程间相互关系等因素,系统地对部分课程知识点重新划分,既要避免知识点的过多与重复,又要保证课程间知识的相互贯通,做到使学生学习过程由浅入深、由易到难,理论知识和实际应用相互促进,最终使学生的综合能力得到提高。

精心组织教学内容,可以把课程分为三部分,即原理部分、技术部分和应用部分,不同的部分在相应的教学阶段侧重点应有所不同。原理部分应着重介绍数据库的基本概念、基

本理论和原理等,使学生在头脑中形成自己的概念体系,为下一步的技术锻炼做好铺垫;技术部分应结合具体的一种数据库系统,并同时辅以案例教学、实验锻炼等方法详细介绍数据库设计的不同阶段,使学生真正掌握数据库设计的最新理论和技术;应用部分则应根据一个具体的项目,比如酒店管理系统,指导学生自己完成整个阶段的工作,设计出一个符合项目需求的数据库产品。

3.3 重视实践教学,丰富教学方法和手段

实践教学是"数据库原理与应用"课程教学的一个重要环节,课程中的上机实验、数据库课程设计安排要合理。①教师在课堂上可以结合教学内容提出一些与具体理论知识联系紧密的问题,让学生以小组的形式进行自由讨论,充分发挥学生的主观能动性。②课下鼓励学生通过实际的项目案例来检验课堂所学知识,并通过上机操作来加深对技术的理解和掌握。③课程后期需要安排一周时间进行数据库课程设计,所选题目应具有一定应用背景,让学生能够应用软件工程的基本原则设计具有使用价值的数据库应用系统,使学生对所学知识融会贯通[4]。

"数据库原理及其应用技术"是一门理论与工程实践密切相关的综合性课程,因而其教学方法应是灵活而恰当的,必须采用多种教学手段和方法。根据其特点,在教学实践中,改革传统的、单一的教师"灌输式"的授课方式,构建课堂理论教学、课内上机实验、课程设计大作业、教授和博士指导本科生学术研究团队活动、课外创新项目和科技竞赛等相结合、案例教学、任务驱动式、启发式、讨论式、情境教学等相结合的灵活多样的教学方法。改革落后的教学手段,实现教学手段由传统技术向现代技术的转变,学会充分运用多媒体、网上教学等现代技术手段。通过教学方法与手段的改变,改变传统教学理论与实践脱节的状况,如案例教学增加感性认知,强化学生数据库管理系统操作技能。采用多媒体教学,丰富教学内容,扩大教学信息量,使课程教学达到既掌握基本理论又强化实践技能的教学目的。课程一开始也可以先由教师确定学习任务,然后再由教师讲解、演示,同时可以采用网络教学,通过网络和自制的学习网站,引导学生通过网络自主学习和研究性学习,鼓励学生之间相互帮助、共同提高。[5]。

3.4 鼓励参与科研活动,改革考核评价制度

大学生科研活动是指能够提高学生的创新思维、创新能力和创造潜能的第二课堂活动和实践活动,包括学生科研立项、学生课外学术科技作品竞赛、创业计划大赛、程序设计大赛、电子商务赛、电子设计大赛、多媒体设计大赛、数学建模、参与教师的实际工程项目、到企业实训、参与企业实际研发等。①通过科研活动,可以使学生了解科学研究的组织形式和研究过程,掌握科学的研究方法,并得到科学研究的最基本训练,为创新性大学生的培养奠定基础。②通过科研活动,能培养学生严谨的学风,养成良好的学术规范。③通过科研活动,能加强学生专业基础知识的学习,培养他们熟练地运用知识的技能,拓展学生的视野。④通过科研活动,能提高学生多方面的素质和能力,包括思维能力、判断能力、建构能力、知识综合运用能力、终身学习能力和创新能力[6]。

考试的内容,应全面、客观、准确反映出老师"教"与学生"学"的情况,起到改进教师教学和引导学生学习的作用。考试的目标,应不仅包括对学生知识和能力的考核,还要能全

面评价和改进教学质量。考试的试题,记忆的题型要少而精,有利于培养学生创新能力的试题和应用型试题要占较大比例,简答题、论述题等传统题型要把学生引向独立思考上去,倡导学生根据自己的理解和感悟来答题。考试的主体,应是教师、学生、家庭、社会,考试的活动是一个互动的过程,是学生对自己学习活动和学习结果的综合评价,是教师对自己教学态度、教学责任、教学质量等的综合测试。遵循全校统一的考试制度,考试课分为二级管理,一级考试由教务协调管理,二级有学院组织落实。考试采取平时占 40%,期末占 60% 的核算方法,提高平时成绩的分量,有利于严格平时的考核和考核方式多样化。考试不能考一次小考了事,要通过平时作业、报告、出勤等方式取得分值。对两级考试进行出题规范、考核过程规范、批阅规范、评分规范、存档规范,考试必须全面,考试难度正态分布,考试卷面严格审查,逐步建立试题库和试卷库,有条件的课程建立网上学生测评系统。对批阅环节首先进行标准答案和批阅方法的规范,全面实行减分制批阅,核分电算化检查。要实现批阅过程的流水批阅,并建立复查制度、存档规范制度等。平时成绩由原来的教师自定或忽略不计,转为加大平时分值,鼓励教师在平时的考核上进行改革和完善,平时分一般由小考、作业、实验报告、实践技能、提问、出勤等构成,因课而异,增加教师自主权,提高平时实践性分值,有利于引导学生多参加实践活动。

4 结束语

在 21 世纪,数据库专业人才的培养要顺应时代的潮流和科学技术的发展方向,要满足市场和企业的需求。高等院校作为培养和造就高素质人才的摇篮和知识宝地,深化教学改革的中坚力量,也是推动科技力量向实践成果转化的重要力量。作为高校的计算机教师,应紧跟时代步伐和当前形势,及时更新知识,及时更新教学观念,对教学方法和教学手段进行不断的研究和探讨,坚持以改促教、因材施教、因地制宜。同时也应该认识到,数据库专业人才的培养是一个复杂系统工程,各高校应该勇于打破传统的教学模式,采用先进的教学理念,树立"以学生为本"的观念,加强学生的创新能力培养,培养出面向社会、面向世界的数据库专业人才。

参考文献

[1] 邹妍,门爱华."数据库原理"课程教学改革与实践[J].赤峰学院学报(自然科学版),2012(6):266.

[2] 陈波.本科"数据库系统"教学改革的尝试和体会[J].陕西教育,2008(9):32.

[3] 颜清.数据库系统概论教学改革与实践研究[J].教育探索,2008(9):25.

[4] 崔元全,张蕾.数据库原理与应用课程教学改革探讨[J].计算机光盘软件与应用,2012(2):242.

[5] 陆慧娟,高波涌,何灵敏.数据库精品课程建设改革[J].计算机教育,2011(5):13—15.

[6] 陆慧娟,梁丽,龚宇平等.以大学生科研创新活动为载体,培养计算机专业创新人才[J].中国大学教学,2011(3):34—36.

以项目实践为主导的计算机实训课程探讨

马　亮　王海舜　李文胜

浙江中医药大学信息技术学院,浙江杭州,310053

摘　要：计算机科学与技术作为一门实践性很强的专业学科,其知识更新速度快,对学生的实际动手能力要求非常高。本文对以项目实践为主导的计算机实训课程进行探讨,分析培养学生项目实战能力的重要性,并指出以项目实践为主导开设计算机实训课程的优点。以浙江中医药大学信息技术学院对计算机实训课程的探索为例,介绍该校在计算机实训课程开展过程中采用的方式和取得的成果,为后续开展计算机专业实训提供参考。

关键词：项目实践;计算机专业;实训课程

1　引　言

在知识经济时代,知识的更新换代越来越快,社会对人才的要求越来越高,计算机科学与技术作为一门实践性很强的专业学科,其知识更新速度更快,对学生的实际动手能力要求非常高。高校计算机专业应该在教授学生理论知识的同时,加强对实训课程的建设,培养更多动手能力强,能快速适应企业需求的计算机人才。计算机专业教师要有计划、有目的性地把课程内容设计成一系列的实训任务开展教学,用学科理论指导实训工作,并使实训活动成为学生理解学科理论的工具[1]。刘丽娜[2]等人提出以计算机实践能力培养为目标,以学生为本的大学计算机课程的教学改革实践与设想,重在培养自主创新能力强的复合型和应用型人才。采用实例教学法,加强学生职业技能训练与培养。李冠峰[3]等人提出了一种计算机专业本科培养计划的改革创新思路,即根据市场需求确定课程计划,每个学期重点学习掌握一个方向的软件开发技术,保持学生对专业技术的兴趣,再根据课程设计来安排先行课程的开设学期,并给出了软件类课程设计及先行课程的安排表。

国家也在大力培养动手能力和创新能力强的工程技术人才。我国在 2010 年提出了"卓越工程师教育培养计划",是贯彻落实《国家中长期教育改革和发展规划纲要(2010—2020年)》和《国家中长期人才发展规划纲要(2010—2020 年)》的重大改革项目,也是促进我国由工程教育大国迈向工程教育强国的重大举措,旨在培养造就一大批创新能力强、适应经济社会发展需要的高质量的各类型工程技术人才,为国家走新型工业化发展道路、建设创新型国家和人才强国战略服务,对促进高等教育面向社会需求培养人才,全面提高工程教育人才培养质量具有十分重要的示范和引导作用[4]。这项计划面向工科本科生、硕士研究生、博士,计算机科学与技术专业的学生当然是重点培养的对象,因为社会对于计算机技术

马　亮　E-mail:maliang@zcmu.edu.cn

的知识需求和人才需求量越来越大。

所以,加强对计算机科学与技术专业学生的动手能力培养[5],提高他们的操作能力和项目实战能力,为我国的现代化建设输送更多技术过硬的人才,意义深远。

本文第二部分描述了以项目实践为主导开设计算机实训课程的优点,第三部分是浙江中医药大学信息技术学院对计算机实训课程的探索,第四部分是结论。

2 以项目实践为主导开设计算机实训课程的优点

以项目实践为主导开设计算机实训课程的优点[6]众多:

(1)根据项目实践需要而搜集和整理加工出适合学生进行项目实训的资源库,包含实训项目多个,难度有高有低,适合不同学习能力的同学。学生根据需要选择项目进行实训,可做到差什么补什么,符合当今教育系统里学生为主体、教师为主导的教学理念。同时,搜集和整理加工出适合学生进行项目实训的资源库,也是对教师实际动手能力的检验。

(2)计算机专业的课程比较分散,学生学完数据结构、算法设计、数据库等课程后,并不一定真正理解了各门课程使用的场合和时机。在项目实训教学时,学生参与实践活动,每人都会参与项目的一个或者多个环节,进行的是实践式学习。学生在项目实训过程中,要根据项目需要进行需求分析、方案设计,把多门课程上的理论知识运用于实践之中,体验理论与实践结合的乐趣,可以很好地培养学生分析问题和解决问题能力,以及实际动手能力。

(3)以项目实践为主导有利于培养学生的团队合作意识,树立起团队合作精神。每个实训项目都是通过网络资料和企业走访的形式搜集起来的,并进行了适当整理和加工,紧跟社会和企业的需要,避免实训项目过于陈旧或者脱离实际。每个实训项目会分组,以组为单位完成实训任务,每个团队的成员相互学习、相互补充、扬长避短,对于培养学生的团队合作意识非常有帮助。

(4)以项目实践为主导的课程有利于学分制和弹性学制的实施。每个项目实训教学开始前,教师要制订项目实训课程说明书,指明项目实训课程的目标、项目实训课程的任务以及每个实训项目的主要学习内容,还有每个实训项目的课时分配,这对于学生选择项目实训课程有直接的指导作用。项目实训的资源库有多个难度不同的项目,学生可以根据自己的兴趣和能力选择适合自己的项目进行实训,当项目训练个数和难度达到要求后就可以获得相应的学分,这是实施弹性学制和学分制的好方法。

3 浙江中医药大学信息技术学院对计算机实训课程的探索

浙江中医药大学 2001 年开设计算机科学与技术专业,2005 年被确定为校级重点专业,2009 年通过重点专业验收。经过多年的建设,本校计算机专业依托学校医药学行业背景,在数据库开发与管理、计算机网络应用与管理、医疗仪器软件开发和维护以及医学数字图像处理等学科方向,初步形成了学科团队,努力开展信息技术与中医药、现代医学的交叉融合应用研究,承担并完成了多项省部级科研项目。信息技术学院一直把计算机实训课程放在培养学生能力的重要位置。以下是我院在计算机实训课程方面的探索:

(1)信息技术学院构建了"平台加模块,后期分方向"的课程体系;采用了"3+3+4"模式,即三个平台(公共基础平台、学科基础平台、专业基础平台),三个模块(专业模块、限定选修模块、公共选修模块),4个专业方向(医学数字图像处理、医疗仪器开发与维护、网络设计与管理、医学数据库开发与维护);形成了与理论教学有机结合的以课内实验、课程设计、毕业设计、毕业实习为主线的实践教学体系;开展了以学生为中心的多种形式的课程教学改革;建立了"第二、三"课堂密切融合的学生课外工程实践创新平台。

(2)强化小学期综合课程设计或实训。二年级暑假安排两周的小学期综合课程设计或实训,其中安排三天计算机软硬件安装操作基本培训和考核,提升学生计算机基本应用能力;同时开展综合课程设计,学生选题,老师指导下分组并团队合作。学生完成课程设计要求内容后,进行成果演示、公开答辩并提交相应文档材料,指导教师和答辩组对成果进行评价验收,并给出相应成绩,这样大大提高了学生学习的热情,完成项目实践后同学们的脸上会洋溢出幸福的微笑。

如"网络设计与工程"课程的实验考试:模拟了一个真实网络拓扑结构下的网络设备配置,其实验内容不仅涉及了课程中所有主要知识点,涵盖了前期已经完成的各个单项课程实验,而且实验拓扑设计了18个网络设备,需要18位学生以团队合作的形式完成。每个团队在成功完成一次实验配置任务的基础上进行循环练习,这样使每一位同学都能体验到每一个网络设备的配置任务。在完成实验的过程中,需要学生综合运用所学的多种网络技术,使学生解决实际问题的综合能力得到了提高。每位同学还要严格按照实验报告的推荐格式做好实验预习工作并填写《实验准备报告书》,完成实验后再填写《实验完成报告书》,培养了同学们严谨的科学态度。对想提前预习的团队,网络实验室以"开放实验室"的形式为同学提供课外实验环境。

又如"医学信息学"课程与软件工程相配合,开展了医院信息系统模拟设计的大作业。以班级为项目开发单位,完成医院信息系统的模拟开发,建立项目经理、技术总监领导下的项目开发小组,以4~5名学生为一组,具体完成医院信息系统子功能模块的开发,最终集成为一个班级的HIS系统。从软件需求分析、概要设计、详细设计、软件测试以及软件文档书写等实践了医药信息系统项目开发的基本过程,并通过成果演示和答辩以及在课程设计中的角色作用等进行综合评分,使同学们实践了软件开发过程,培养了学生的团队合作精神,提高了同学们的项目实战能力。

(3)形成以学生创业园为抓手的第二课堂工程实践技能和科研创新能力拓展基地。三年来通过学生创业园开展工程实践技能训练,先后举办网站设计、数据库开发、软件知识、硬件维护等各种理论和实践培训120余班(120多次),仅本年度培训面覆盖学院90%的学生(220人次)。近三年在各类学科竞赛中,获省级以上奖励40余项,获校级奖励36项;获浙江省新苗人才计划项目资助经费16万元,校级项目资助1.28万元;学生创业园还承接了医药企业和其他企事业单位各类项目50余项。医学信息技术实验教学中心下辖的实验室如计算机基础实验室、计算机专业实验室和物理实验室、临床信息系统实验室、学生科技创新中心、网络实训中心等均向学生全面开放,除工作日外,双休日、节假日也适当开放,学生可自主预约时间进行项目实践;也可在教师的指导下进行项目实践,学生的参与率达80%以上。

4 结 论

以项目实践为主导的计算机实训课程改革需要改变传统实验教育教学方式和教学方法,有效地将计算机理论教学和项目实践教学结合起来;项目实训并非小实验,对于实训学生来说,更能体会开发计算机相关项目的感觉,将来能更好更快地适应社会需要。这不仅对学生提出了更高的要求,也对教师提出了更高的要求,所以教师也需要不断更新自己的专业知识,提高自己的项目实践能力,才能更好地指导学生进行项目实训。

以项目实践为主导的计算机实训课程改革还有很多需要完善的地方,比如了解社会和企业的实际需要,经常更新实训项目,对学生的实训成果进行科学评测等。

参考文献

[1] 胡云端,熊春秀. 计算机实训课程教学的探索与实践[J]. 价值工程,2010(4):113-114.

[2] 刘丽娜,林海涛,隋新. 以计算机实践能力培养为目标的大学计算机课程教学改革研究//第 5 届教育教学改革与管理工程学术年会论文集,2012.

[3] 李冠峰,王红艺,普杰信. 一种面向就业的计算机专业培养计划改革方案[J]. 计算机教育,2007(7).

[4] 卓越工程师教育培养计划. http://baike.baidu.com/view/3810178.htm.

[5] 韩新超,张宇,苗凤君,郭清宇. 面向就业的计算机专业实践能力的培养[J]. 现代计算机(专业版),2011(15).

[6] 杜娟. 项目教学法在计算机网络技术课程中的运用[J]. 中国教育技术装备,2011(21).

大学计算机课程中的计算思维培养方法探索

谢红霞　钟晴江

浙江大学城市学院,浙江杭州,310015

摘　要：大学计算机教学应从培养计算思维的角度进行教学改革,应注重培养学生利用计算机求解实际问题的思想、方法、意识、兴趣和能力。本文通过梳理大学计算机课程核心教学内容、研究典型计算思维教学案例、实践面向思维训练的教学方法改革、探索课内外结合的过程考核方法,提出一个能够体现计算思维方法和思想的课程教学内容组织架构,并进行相关的课程体系建设,包括课程内容设计、课程资源建设、教学方法和教学过程实践。以期把这门课程建设为对学生有更多思想上的启发和引导的一门大学通识课程。

关键词：大学计算机;教学改革;计算思维

1　引　言

2005 年美国的一份报告《计算科学:确保美国竞争力》提出,虽然计算本身也是一门学科,但是其具有促进其他学科发展的作用,21 世纪科学上最重要的、经济上最有前途的前沿研究,都有可能通过先进的计算技术和计算科学得到解决。根据以上报告的建议,2007 年美国科学基金会(NSF)启动了"大学计算教育振兴的途径"(CISE Pathways to Revitalized Undergraduate Computing Education,CPATH)计划,投入巨资进行美国计算教育的改革[1]。

纵观国内高校"大学计算机基础"课程的教学,在最近十年的发展中却越来越陷入困境。

首先,中小学开始普及信息技术教育,而我们的高校计算机基础教学还停留在把计算机作为工具来使用,教授各种软件工具的使用,把计算机教学陷入"狭义工具论"的境地,而软件工具的发展又是永无止境的,不说版本的更新换代,流行的软件工具也是层出不穷,高校只能疲于应付,教学内容总也跟不上发展的步伐。这种把计算机教学"工具论"的认识具有一定的代表性,对计算机的教学带来非常大的害处,使学生对计算学科的认识淡化,漠视计算技术中最重要的核心思想与方法的掌握,更无助于提高学生的计算思维水平。

其次,尽管高校的计算机基础教学改革一直未曾停止,并尝试介绍计算机技术的基本概念、基础知识,介绍各知识层面的基本内容,以期提高学生的计算机素养。但结果是机械地搬一大堆的概念与知识进行堆砌,只着眼于告诉学生"这是什么",而不是介绍"为什么是这样",使课程沦为填鸭式的死记硬背。也有些高校把这门课变为计算机专业各门核心课

谢红霞　E-mail：xiehx@zucc.edu.cn

程的缩写版,因课时的限制每个分支都泛泛而谈,犹如蜻蜓点水,课程内容只剩下干巴巴的概念,把原本应是丰富有趣,充满挑战和思想启发的课程变得单调乏味,结果学生不爱听,老师也提不起一点劲,最终只能不断地压缩课时,甚至有些学校取消了这门课程。

第三,社会经济发展对人才的计算机能力要求,以及各学科专业对计算机基础教学的要求不断提高。当今计算机技术迅速发展,计算机的应用领域极大扩张,使得大学生掌握计算机技能并学会用计算机科学的思想和方法解决问题的重要性日益凸显。

综合以上三点,该课程目前存在的主要问题就是:我们要教给学生的到底是什么?什么是这门课程的核心的和本质的内容?

对这两个问题的困惑,不仅困扰着我们的教学,也困扰着全国其他高校的计算机基础教学,大家都在寻找教学改革的出路,都在探讨这门课程的出发点和本质是什么。直面现实,我们的计算机基础教学只有改革才有出路,不能再沿用老思想、老方法,而是应把计算机基础教学作为大学新生的通识必修课,和高等数学、大学物理一样成为训练思维和培养科学素养的课程,课程改名为"大学计算机"。

2 改革理念及思路

自从美国卡内基·梅隆大学的 Jeannette M. Wing(周以真)教授 2006 年提出"计算思维"的概念,国内外计算机教育界围绕计算的本质特征和核心方法展开了持续的研究和讨论。并把"计算思维"作为人类第三种科学思维方式,与理论思维、实验思维相提并论,成为推动人类文明进步和科技发展的三大支柱。

理论思维以数学学科为代表,定义是理论思维的灵魂,定理和证明则是它的精髓。公理化方法是最重要的理论思维方法。

实验思维以物理学科为代表,以观察和总结自然规律为特征,强调逻辑自洽,结果可被重现,甚至可预见新的现象。

计算思维以计算机学科为代表,是运用计算机科学的基础概念进行问题求解、系统设计,以及人类行为理解的涵盖计算机科学之广度的一系列思维活动。计算思维的本质是抽象和自动化。如同所有人都具备"读、写、算"(简称 3R)能力一样,计算思维是每个人都必须具备的思维能力[2]。

因此,我们要从更高的视角审视计算机教学,从培养计算思维的角度进行教学改革。对学生而言,从大学第一门计算机课程开始即进行计算思维训练,容易将计算思维的观念先入为主,并随着后续课程的展开,把计算思维的方法论落到实处。例如,计算思维的基本特征有:约简、嵌入、转化、仿真、递归、并行、多维分析、类型、抽象、分解、保护、冗余、容错、纠错、系统恢复、启发式、规划、学习、调度、折中等,这些概念都是计算机科学的主要技术特点,通过计算机科学的相关课程可以对此作出最好的诠释。而这些概念也是计算思维区别于逻辑思维和实证思维的关键点。

基于上述认识上的进步,重新定位大学计算机教学的目的,应是:注重培养学生利用计算机求解实际问题的思想、方法、意识、兴趣和能力,而不是灌输一大堆的概念与知识[3]。与传统的传授知识为主不同,如何让学生对计算机科学产生兴趣,如何引导学生像计算机科学家一样地思考,如何对一个实际的问题选择合适的方式陈述,对这个问题的相关方面建模,并用最有效的方法实现问题求解,这才是最为重要的,也应成为我们教学改革的方向。

自 2009 年以来,全国高校针对计算思维进行了广泛、持续的讨论,现已达成普遍共识:应用计算思维方法指导大学计算机课程教学内容的设计和教学方法的改革是解决目前大学计算机教学改革困惑的重要途径。

3 改革的特色与创新

结合教学实际,在"大学计算机"课程中培养学生的计算思维能力需要突出课程内容的基础性和实践性[4]。通过梳理课程核心教学内容、研究典型计算思维教学案例、实践面向思维训练的教学方法改革、探索课内外结合的过程考核方法,提出一个能够体现计算思维方法和思想的课程教学内容组织架构,并进行相关的课程体系建设,包括课程内容设计、课程资源建设、教学方法和教学过程实践,这其中的每一个方面都需要下功夫重点研究。以下是我们的初步设想。

(1)课程教学内容设计。通过梳理现有教学内容,合理地定位计算机基础教学的稳定、核心的教学内容,突出实践能力与思维能力培养,形成计算机基础教学科学的知识体系、稳定的知识结构,让计算机基础教学成为名副其实的传授基本知识、培养应用能力、训练计算思维的大学通识教育课程,它同时传递科学精神和人文精神,展现隐藏在知识背后的计算思维的光芒,并充分展现学术的魅力。

(2)课程资源建设。进行配套课程资源建设,研究体现计算思维特征的主教材和实验教材,研究典型计算思维教学案例,设计课堂讨论题、课外思考题、课外知识拓展阅读等,建设网络教学平台,建设多样化的考核测试办法。

(3)教学方法和教学过程实践。教学方法改革就是要把计算思维能力的培养,落实在课堂内外各个环节中,并通过教学方法的改革进一步展现计算思维的魅力和基本思想,激发学生学习的兴趣、引起积极的思考。

4 具体实践方案

具体的实践方案从教学内容设计、实践内容设计、教学案例设计、教学方法设计、过程考核方法设计五个方面展开。

(1)教学内容设计。课程教学内容以信息处理过程为主线,并对多媒体、数据库和网络技术等重点应用进行讲授,突出"计算思维基本方法及实践应用相结合"的特点,具体内容为:计算机与计算思维、信息表示与编码、多媒体技术基础、数据组织与管理、数据库应用、数据处理算法、计算机网络基础和综合应用等八大教学模块,涉及信息表示、数字化音频视频、计算的过程、网络搜索引擎及其信息检索、数据安全、数据库应用和简易编程工具Scratch 的使用等不同领域的计算机应用。

(2)实践内容设计。实践内容分两部分:基本技能训练和应用能力训练。基本技能训练包括操作系统的设置、使用和维护,办公软件(Office)的应用、Internet 基本使用。应用能力训练包括算法设计基础(Scratch 环境),数据库(Access)的建立、使用和维护,多媒体操作,网络安全设置等。使学生在不同实践环境下学习相关基本原理并掌握使用方法,突出实验室与课外练习两类不同场景下的任务分配,强调"做中学",提高学生的实际动手能力。

(3)教学案例设计。针对主要教学模块和核心内容,设计反映计算思维思想及典型应用的教学案例。通过这些案例使学生了解问题的解决思路,掌握问题解决的方法和步骤。选取的案例重点突出应用性及代表性,如通过"猜猜我的生日"教学案例引出二进制,通过"汉诺塔游戏"引入递归算法思想。

(4)教学方法设计。以场景为引领的互动教学。在课堂教学场景下,精选反映计算思维思想的案例,通过场景切换,由易及难,体现不同计算环境下各种问题求解的思路与方法;在实践教学场景下,完成规定实验内容,强调学生为主体、教师辅助和答疑,通过学生"做中学",既提升学生的实践应用能力,也强调解决问题的思路;在课外学习场景下,以预设话题、课外预习、文献阅读等为任务自学,并在此基础上将课外学习成果反馈到课堂教学中,实现讨论式学习、基于案例学习等教学方法的融会贯通,形成课内外教学活动的联动。

(5)考核方法改革。课内外结合的分步式、多样化的面向过程考核方法,加强对学习过程的考核,从"结果"考核逐步向"过程"倾斜,使学生认真参与学习中的每个过程,真正深入地掌握知识、培养思维能力。课程评价包括:课外作业成绩、课堂表现、实践环节、考试成绩等。通过考核时机分步化、考核内容多样化的改革,使学生注重学习过程和多方面能力的培养,使评价体系更科学、合理和公正。

5 总 结

教学改革的进行要循序渐进,先以计算机专业一年级新生作为试点,取得一定实践经验后将延伸至全校各学院一年级新生。作为他们的第一门大学计算机入门课程,希望打破以前枯燥、沉闷的课堂学习状态,换之为师生互动、讨论热烈、有更多思想上的启发和引导的一门大学通识课程。

参考文献

[1] 陈国良,董荣胜.计算思维与大学计算机基础教育[J].中国大学教学,2011(1):7－12.

[2] Wing J M. Computational Thinking and Thinking about Computing[J]. *Philosophical transactions, mathematical, physical and engineering science*,2008,366(1881):3717－3725.

[3] 唐培和,徐奕奕编著.计算机思维导论[M].桂林:广西师范大学出版社,2012.

[4] 何钦铭,陆汉权,冯博琴.计算机基础教学的核心任务是计算思维能力的培养[J].中国大学教学,2010(9):5－9.

基于 CDIO 模式的高职软件专业改革研究与实践

许益成　　陈丽婷　　闻红华　　周　丹

台州职业技术学院,浙江台州,318000

摘　要： 本文在借鉴 CDIO 理念的基础上,结合高职教育人才培养模式,探讨基于 CDIO 模式的高职软件专业教学改革方法,构建出高职软件专业课程体系及六大课程群,设计了高职软件专业项目体系的组成及三级项目具体内容,并提出了项目实施的保障措施。

关键词： 高职;软件专业;CDIO;项目

高职院校都在大力推进专业改革,基于 CDIO 模式的高职专业改革是当前主要发展趋势,但目前还处于探索发展阶段,在如何设置 CDIO 课程体系、设计 CDIO 项目体系、CDIO 保障措施等方面还需进一步完善。因此,本文在借鉴 CDIO 理念的基础上,结合高职教育人才培养模式,探讨基于 CDIO 模式专业改革的一般性方法,并以某职业技术学院软件专业为例,介绍高职软件专业 CDIO 课程体系、CDIO 项目体系及实施的保障措施。

1　基于 CDIO 模式的高职软件专业改革方法介绍

我们首先从剖析专业人才培养目标出发,通过针对性地调研,高职软件专业的应用领域主要为中小型信息系统的设计、开发、实施与维护及中小型网站设计,这就需要学生掌握的技术知识涉及软件技术(软件工程、软件开发、数据库技术)、网站开发技术(网页设计、美工设计)、网络技术(局域网建设安装、服务器管理)等,然后按照 CDIO 大纲和标准有针对性地设置以六大课程群组成的课程体系,并以此为基础设计出由 2 个 1 级项目、6 个 2 级项目及若干个 3 级项目有机组成的高职软件专业 CDIO 项目体系,项目之间既有关联又保持各自的独立性,再通过一系列的保障措施,确保项目的顺利实施。如图 1 所示。

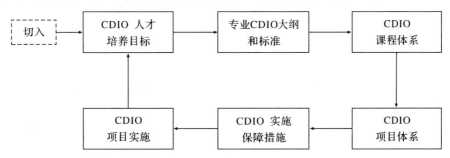

图 1　基于 CDIO 模式的高职软件专业改革工作过程

许益成　　E-mail：xuyc@tzvtc.com

2 课程体系设置

以工程能力培养为核心的高职软件专业课程体系设置应该充分体现 CDIO 环境教学，如图 2 所示是高职软件专业课程体系鱼骨图，即以三级项目体系为育人环境，其中 1 级要求完整地、前后衔接地贯穿于整个高职阶段，能体现知识综合与专业能力要求的项目，从入门—基本职业素质—基本专业技能—专业核心能力，最终达到创新提高应用知识的能力和素质，有 2 个 1 级项目训练；2 级为包含课程群和某一方面专业能力要求的项目，一般为某一阶段或某一方向上的综合知识和能力，加强核心课程的学习与运用；3 级为单一课程和基本技能的项目，也就是课程设计，主要是能将课程的知识点串联起来。就整个课程体系来看，以 1 级项目为主线，以 2 级项目为支撑，以 3 级项目与专业核心课程为基础，将专业核心课程教育与对专业的整体认识统一起来，并结合项目训练提升学生的自主学习能力、团队协作能力及工程项目的驾驭能力，培养 CDIO 实践能力[1]。

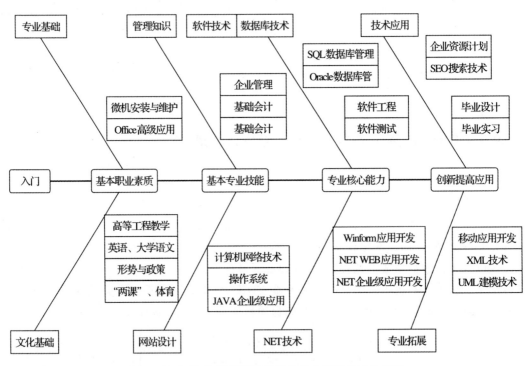

图 2 基于 CDIO 的高职软件开发专业课程体系鱼骨图

1 级项目为专业入门和毕业设计，它们贯穿学生在校的学习过程。学生被分成 4～6 人的团队，每个团队有一个项目，从设计要求、功能设计、概念设计、系统设计到制造出来；采用平等的团队方式，来培养设计、创新、协调、沟通和领导能力，增强学生的自信心；这种开放型的项目，使学生有机会把知识有机地联系起来应用。在这一过程中，学生有可能用到没有学过的知识，因此，学生要学会以探究方式获取知识，整个过程要体现 CDIO 的教育理念[2]。

2 级为课程群或某一方面专业能力要求的项目，能把相关联的课程知识有机地结合起来,在知识点上尽可能覆盖 1 级项目中相关模块的要求,在专业课程方面我们设置两个大的方向:WEB 开发和 GUI 开发,将 NET 技术作为专业的核心课程群,并设置五个辅助课程群,其中核心课程群为 NET 技术(包含 NET GUI 应用开发、NET WEB 应用开发、NET 企业级应用),辅助课程群为网站设计(包含静态网页设计、网页美工设计)、数据库技术(包含 SQL 数据库管理、Oracle 数据库管理)、网络技术(包含局域网建设安装、Linux 服务器管理)、软件技术(包含软件工程、软件测试)、移动应用开发(Windows Mobile 技术),在具体实践中我们根据课程群情况来分解合作企业的真实项目,设计出适合的 2 级项目。

3 级项目为课程设计,我们通过 3 级项目将课程涉及的能力和各知识点串接起来,并且要与 2 级项目的内容相关联,作为其子模块设计项目内容。在课堂教学中注重互动、启发式、探究式的教学模式,引导学生提出问题,找到解决问题的方法,培养创新实践能力。

3 项目体系设计与实践

3.1 一级项目设计

1 级项目必须完整地贯穿于专业教学阶段,使学生完整地得到构思、设计、实现、运作等方面的系统训练。我们的 1 级项目是由专业入门和毕业设计两个部分构成,专业入门在一至二年级逐步完成,因我们专业的合作企业是 ERP 软件开发公司,因此,该项目主要工作任务是:在了解 CDIO 理念的基础上,通过 ERP 软件项目开发实例来了解 ERP 软件开发、设计、测试等一系列工作流程,使学生在增加感性认识的同时,了解本专业核心课程与实际工作之间的对应关系,从而以一个未来工程师的角色定位去面对专业知识的学习;同时,让学生经历一次项目构思与设计的实践过程,激发其专业兴趣和创新思维,并明确培养计划是一个有机的整体。毕业设计与专业入门紧密衔接,主要工作任务是:学生在完成专业课程学习与相关项目训练后,利用所学知识,就一个软件项目完成构思、设计、实现、运用等全过程的训练,系统地经历一次设计实践过程。1 级项目的目的,就是让学生从解决实际工程问题出发来进行专业知识的学习,激发学生对实际工程问题的兴趣,引导他们探索并掌握解决问题的途径和方法[3]。

3.2 二级项目设计

第一个 2 级项目——网站设计:是在掌握 html 语言、ASP. net 等静态网页设计技术以及简单的网页美工设计基础上,设计简单的中小型企业门户网站,让学生体会一个具体的软件项目从需求、分析、设计、实现的开发流程。中小型企业门户网站具体要求:实现新闻中心、企业简介、企业产品、研发实力、销售网络、企业招聘、联系我们等内容。

第二个 2 级项目——数据库技术:是在掌握数据表、关系、视图、存储过程、触发器等数据库基本技术基础上,设计小型 ERP 数据库,让学生了解并掌握数据库设计文档的编写及数据库实现,初级阶段是让指导教师或企业导师根据需求编写一部分的数据库设计文档,让学生能看懂并理解,从而进行具体的数据库设计,高级阶段就是让学生自己参考需求编写数据库设计文档并具体实现。具体要求:编写规范的数据库设计文档、建表及关系,建立视图、简单的存储过程和触发器。

第三个 2 级项目——网络技术:是在掌握了网络基础知识、局域网安装以及服务器管理的基础上,通过搭建企业小型局域网项目的具体实施,使学生体会一个工程项目从构思、设计、实现到运行(CDIO)的过程,并懂得如何将所学的知识运用到实际的工程项目中。项目具体要求为:将 10 台左右的计算机、服务器通过交换机组建小型局域网,实现打印机、扫描仪的共享,安装与配置服务器操作系统,保证设备之间正常的网络连接,并能实现内外网的切换。

第四个 2 级项目是专业的核心项目——.NET 技术:是在掌握 C♯语言以及 VS 开发环境的基础上,结合数据库技术项目,设计小型的具备简单进销存、生产的 ERP 系统软件。通过该项目,学生能了解并体会软件项目开发的需求分析、概要设计、详细设计、编码、测试的系列软件过程。项目具体要求:编写简单的概要设计文档、详细设计文档、测试报告,掌握基础资料、单据、报表等三种典型的 ERP 操作界面,实现进销存、生产各模块基本功能。

第五个 2 级项目——软件技术:学生经过上述 4 个 2 级项目的实战训练,已经基本了解大部分的软件开发过程,再经过软件工程、软件测试技术系统全面的介绍,通过标准的软件工程项目训练,让学生掌握软件开发过程。项目具体要求:参照软件工程国家标准,编写较完整的需求文档、概要设计文档、模块设计文档、详细设计文档、数据库设计文档、代码编写标准、代码注释标准、测试报告。

第六个 2 级项目——移动应用开发:该项目是小型 ERP 项目移动端的延伸,把 ERP 软件中一些相对简单的界面移植到移动端。项目具体要求:在 PDA(个人数据助理,一般装配 Window Mobile 操作系统)上实现条码扫描、部分单据审批、部分报表查询功能。

3.3 三级项目设计

3 级项目针对的是单个课程,相当于课程设计。在 CDIO 模式下,任课教师都应充分了解自己课程在整个专业培养体系中的作用,包括知识能力培养中的贡献。利用 3 级项目,我们将每门课程涉及的能力和各知识点串接起来,在构建学生的知识体系中发挥其应有的作用,并为 2 级项目的实施打下专业知识基础。例如 C♯语言程序设计,应该让学生掌握基本的程序语法知识、基本控件的使用,才能为 2 级.NET 技术项目打好基础;SQL 数据库设计,应该让学生掌握字段、属性、表、视图、SQL 语句等基础知识,才能为创建小型 ERP 数据库提供知识服务。

4 项目实施保障措施

4.1 项目的选择

CDIO 模式专业改革成败的关键在于各级项目的设计。项目既要与专业发展方向紧密关联,不能偏离发展主线,又要尽可能地贴近实际,增加真实感,因此要求我们以专业发展为主体,与企业深入接触,融入市场环境,才能发挥 CDIO 工程教育模式的优势所在。

4.2 组建教师和企业导师指导团队

在实践中,教师以团队的形式分为 1 级项目总负责人、2 级项目负责人、3 级项目负责人、授课教师,不同层次的教师所面对的工作任务是不同的,使用的教学方法也是多样性的。1 级项目总负责人一般由教研室主任担任,主要进行 1 级项目的总体设计、项目分解、团队管理等工作;2 级项目负责人一般由骨干教师担任,主要进行课程群项目的设计、分解、实施;3 级项目负责人即课程主讲教师,按照 2 级项目的要求设计课程项目,并负责项目的实施、教学进程的控制、授课教师的选择、授课内容的安排等工作;授课教师将按照 3 级项目负责人的要求,对学生欠缺的知识技能进行补充讲授,确保项目的顺利进行,授课教师直接面对专业技能的教学任务[4]。

4.3 划分学生团队

学生以项目组的形式来划分,采用对等方式来组成,每个项目分成若干个小组进行,每组人数 4～6 人,项目组最好以随机指定方式为主,可作适当调整。这种分组方法让每个学生都有机会成为项目的负责人,培养组织协调能力,并且可以让学生有机会接触不同性格的人,以达到培养沟通能力和团队合作精神的目的。

4.4 项目考核体系

项目考核体系不仅仅关注项目的运行结果,也重视项目的实施过程,因此针对项目运行结果和实施过程,我们制定了完整的项目考核体系,与项目课程教学紧密联系,从项目的开始到结束每个环节的考核分值都做了相应的设计,其中项目的需求分析占 10%、项目设计占 30%、项目实现占 20%、测试占 10%、运行结果占 20%、答辩情况占 10%,注重学生在项目实施过程的人际交往能力、设计能力、专业技术能力、解决问题能力,体现了考核体系的针对性、公平性和有效性[5]。

4.5 项目实施与验收

在项目负责人的指导下,学生在规定的时间段内自主安排项目进度,完成从项目的需求分析、整体设计和详细设计、具体实现、测试等工作,提交项目作品;项目负责人和相关指导教师要对项目进行验收,组织项目组成员进行公开答辩,并由他们介绍各自项目的设计和实现过程、碰到的问题及解决方法、项目的不足以及下一步工作。通过答辩讨论有助于学生能力的提高。

5 结束语

通过高职软件专业改革中的探索与实践证明,CDIO 工程教育模式的指导作用是非常有效的,并从项目实施的效果看,学生在个人专业能力、人际交往能力、团队协作能力和工程系统能力等方面都得到了较大幅度的提高。但从中我们也发现控制项目的难度和规模以及实施过程考核还存在一些问题和不足,在今后的工作过程中有待进一步解决和完善。

参考文献

[1] 许益成,毕小明,闻红华等. 基于 CDIO 的高职软件开发专业课程体系设计[J].职教论坛,2011(14):

33—35.

[2] 孙浩军,孙梅,熊智.计算机专业基于课程群的 EIP-CDIO 项目设计[J].计算机教育,2010(9):
101—106.

[3] 庄哲民,沈民奋.基于 GDIO 理念的 1 级项目设计与实践[J].高等工程教育研究,2008(6):19—22.

[4] 陈丽婷,詹青龙.高职工科专业 CDCSA 项目化课程教学链探索与实践[J].中国职业技术教育,2011,
11(4):49—52.

[5] 陈丽婷.CDIO 工程教育模式在职业教育课程体系中的应用[J].职教论坛,2010(8):50—51.

以职业能力为导向的数字媒体技术专业
平面设计模块课程体系构建

应 英

浙江水利水电学院,浙江杭州,310018

摘 要: 本文以浙江水利水电学院数字媒体技术专业(三年制专科①)平面设计模块的课程体系构建为例,分析平面设计岗位(群)的职业能力需求,提出以职业能力培养为导向的课程体系的设置思路,构建"平台+模块"的课程体系,对一些课程体系进行了大幅度的整合和优化,改革课程教学方法和手段,以案例或项目组织教学,融"教、学、做"为一体,强化学生专业能力的培养。在2010级和2011级实施了调整后的课程体系,取得了良好的教学效果。

关键词: 职业能力;数字媒体技术专业;平面设计;课程体系;改革与实践

1 引 言

高等教育培养的学生不仅应具备扎实的基础理论和足够的专业知识,还应重点掌握从事本专业领域实际工作的基本能力和基本技能,在职业素养、职业能力方面,都应满足人才培养方案中职业岗位(群)的能力要求。

数字媒体技术是应用性很强、服务领域很广的跨学科专业,应用领域涵盖了影视动画、网络游戏、平面设计、网站设计开发、多媒体设计开发、影视后期、栏目包装、广告设计等。纵览各个学校开设的数字媒体技术专业的课程五花八门主、大相径庭,有的偏重于计算机图形图像技术、数字视频音频处理的多媒体技术,有的偏重于二维动画、三维动画或者网络游戏,有的偏重于影视后期与特效设计,有的偏重于广告设计等视觉传达设计,还有的偏重于建筑表现和虚拟现实的。本文将介绍我校以职业能力为导向构建数字媒体技术专业平面设计模块课程体系实践活动。

我校的数字媒体技术专业是浙江省高职高专院校中开设比较早的,当时省内各高校也没有很成熟的办学经验可供参考,到2011年我省开设数字媒体技术专业的院校也只有我校及湖州职业技术学院与浙江商业职业技术学院三所。我校数字媒体技术专业2007年开始招生,2010年有了第一届毕业生。我系从2009级开始实施"岗位模块学分制"的人才培养模式,采用了"平台+模块"的结构体系的课程设置,根据岗位能力要求设置了"数字媒体技术基础"、"多媒体技术模块"、"平面设计模块"、"动画制作技术模块"和"影视制作技术模

应 英 E-mail:yingying@zjweu.edu.cn

① 2013年6月3日教育部和省政府批准,浙江水利水电专科学校升格更名为浙江水利水电学院,但目前数字媒体技术专业还是三年制专科专业。

块"五个岗位模块。

2010 年、2011 年,我们两次修改人才培养方案,听取 2010 届和 2011 届毕业生的择业和就业的情况反馈,并且走访了省内一些开设相关专业的高校,确定制订人才培养方案要以职业能力培养为主旨,根据技术领域和职业岗位(群)的任职要求设置课程体系和教学内容,秉承"理实融合,实践育人"的教育思想和理念,体现职业教育的基本要求,反映高等教育的基本规律。我们分析数字媒体技术的众多岗位,依托现有的设备和师资条件提出了我校数字媒体技术专业的四个岗位模块:"平面设计"、"网页美工"、"影视动漫制作"和"室内外建筑表现",从而确定了数字媒体技术专业人才培养方案的一个总体的框架。

这几年我们一直致力于专业建设和课程建设,不断完善人才培养方案和教学计划,分析市场对数字媒体技术专业中各类人才需求,剖析各职业岗位技能要求,人才培养目标的定位,确定岗位模块培养方案的课程体系。

2　平面设计模块的岗位职业能力需求分析

先汇总人才培养方案的平面设计模块的职业岗位(群)典型任务,然后从提高学生职业能力的角度出发,分析、设计出具有针对性和实用性的课程体系,实现人才培养与社会需求之间的无缝对接。

2.1　平面设计职业岗位典型任务分析

根据我校近年来毕业生就业情况分析和调查显示,从事图形图像平面设计的毕业生可在电子商务公司、装潢公司、广告公司、动画公司、婚纱摄影、淘宝美工、各事业单位的宣传部、企事业的广告包装部等单位工作。因此,平面设计专业人才就业前景非常广阔,社会需求多,就业容易。据我们对应届毕业生统计,从事平面设计工作的学生占毕业生的三分之一左右。

平面设计职业岗位典型的工作任务如下:

(1)图标设计:LOGO 设计、卡通形象设计、UI 设计;

(2)书籍装帧及版式设计:书籍封面、正文、插图,杂志编排设计、插图插画设计、杂志与内刊设计;

(3)样本设计:形象宣传册、产品宣传册、商场促销宣传册、各类相册;

(4)招贴设计:公益类招贴、企业形象类招贴、商品类招贴、主题招贴设计、活动海报设计;

(5)平面广告设计:报纸广告、杂志广告、户外广告;

(6)宣传折页设计:二折页设计、三折页设计;

(7)宣传单页设计:DM 单设计、POP 设计(吊挂式 POP、柜台式 POP、立地式 POP);

(8)展示设计:活动场地布置、舞台背景设计;

(9)包装设计:包装箱设计、包装盒设计、容器包装设计、标签设计、包装袋设计和防伪设计;

(10)企业形象设计:标志设计、字体设计、名片设计等 VI 设计,应用设计,企业视觉整合设计。

从上述平面设计职业岗位典型的工作任务,我们可以分析出这个岗位对专业知识、操作技能的需求,以及对岗位综合能力的要求。

2.2 平面设计职业岗位对专业知识的需求

平面设计职业岗位对专业知识的需求包括以下几个方面:

(1)掌握美术基本知识;

(2)掌握计算机应用基础知识,会计算机常用软件安装与使用;

(3)掌握位图图像处理知识;

(5)掌握数字图形设计知识;

(6)掌握各种规格的版面设计知识;

(7)掌握广告设计知识;

(8)掌握纸张和印刷相关知识。

2.3 平面设计职业岗位对操作技能的要求

平面设计职业岗位对操作技能的要求如下:

(1)具备计算机应用基本能力:计算机的基本操作、常用软件安装与使用;

(2)具备美术基础能力:掌握素描、色彩与设计构成能力,具备一定的审美素养;

(3)具备网络应用基本能力:Internet 应用、网页设计与制作、网页美工、网页前端设计等能力;

(4)具备图形图像基本能力:图像处理能力、矢量图绘制能力、计算机辅助设计能力;

(5)具备数码摄影能力:人物摄影、静物摄影、运动摄影、新闻摄影和商业摄影;

(6)具备平面广告创意能力,各类商业平设计应用能力;

(7)具备排版设计能力与配色能力。

2.4 平面设计职业岗位对综合能力的要求

平面设计职业岗位对综合能力的要求如下:

(1)对创意的设计与表达能力;

(2)对素材的处理能力;

(3)与上司和同事交流能力,团队合作能力;

(4)与客户沟通能力、洽谈能力;

(5)高效完成任务能力;

(6)新知识和新软件的学习能力。

3　构建以职业能力为导向的平面设计模块课程体系

以职业能力为导向的课程体系构建要求在课程体系设计、课程结构和课程内容等方面都遵循以就业为导向,以能力为核心,面向市场、面向技术、面向应用。

3.1 数字媒体技术专业人才培养方案总体框架

我们采用"平台＋模块"的课程体系,从下往上依次是全校统一的公共基础平台的基本素质模块课程;然后是全系各专业统一的专业通用平台的专业基本技能模块课程;接着是数媒专业基础模块的专业基本技能模块课程;最后是的四个岗位能力模块:"平面设计"、"网页美工"、"影视动漫制作"和"室内外建筑表现",从而确定了数字媒体技术专业人才培养方案总体框架,如图 1 所示。

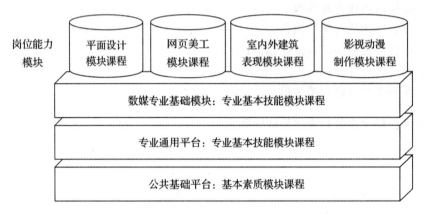

图 1　数字媒体技术专业人才培养方案总体框架

3.2 构建平面设计模块的课程体系

设计课程体系的原则:确认岗位所需求的相关科学知识体系及技能结构,从"必需"、"够用"着手,开发出核心必修课程,根据职业岗位对知识结构和能力结构的要求,设置课程内容和实训环节,综合形成各门教学课程或实践性课程(含实训、实习)。然后对课程内容按课程内在的逻辑顺序和学生学习认知的心理顺序之间的最佳结合方式,由浅入深、先易后难、先专项后综合、循序渐进地进行排序,确定合理的课程教学进程安排,构建体现知识、能力和素质结构为一体的课程体系。本文以平面设计岗位模块为例说明课程体系的构建。

针对岗位(群)职业能力培养要求,分析和构建课程体系如表 1 所示。

表 1　职业能力与课程设置关系

课程模块	职业能力	模块内课程(包括各类课程)	
		理论课程名称	实践课或实训名称
公共必修	● 政治素质 ● 职业道德 ● 民主与法制观念 ● 健康体魄、良好的心理素质 ● 一定外语水平	思想道德修养与法律基础	"两课"社会实践
		毛泽东思想、邓小平理论和"三个代表"重要思想概论	
		大学英语	
		高等数学 B	
		体育	
		大学生心理健康	

课程模块	职业能力	模块内课程（包括各类课程）	
		理论课程名称	实践课或实训名称
专业通用平台模块	● 计算机应用基础操作能力 ● 设计概论 ● 数字媒体技术基础知识 ● 网页设计基本能力	数字媒体技术导论	计算机基础操作实训
		网页设计与制作	
数字媒体技术基础模块	● 素描基本能力 ● 色彩基本能力 ● 速写与草图能力 ● 平面与彩色造型能力 ● 计算机图像处理基本能力 ● 摄影基本知识、人物摄影与商业摄影艺术与技术	素描	专业认识实习
		色彩	
		设计构成	写生实习
		计算机图像处理	摄影及后期处理
		摄影艺术与技术	
平面设计模块	● 矢量图形绘制与设计能力 ● 配色能力 ● 构图、图文编排能力 ● 熟练使用 Illustrator、CorelDraw、Photoshop 等软件的能力 ● 基本独立完成标志设计、版式设计、包装设计、海报设计、杂志报纸广告设计、商业插画设计和VI设计能力	数字图形设计	数字速写实训
		标志设计与图形创意	平面设计项目实战
		版式设计	
		商业平面设计	

注：表中"数字媒体技术导论"课程的位置原先是"计算机导论"课。

3.3 2012级人才培养方案中平面设计模块的教学计划

表2和表3是目前正在执行的2012级教学计划的一部分。表中，课程后有★表示该课程为"核心课程"。专业核心课程在很大程度上决定了学生的知识技能和综合素质水平。培养大量符合社会需求的数字媒体技术人才，制定合理的核心课程体系很有必要。

表2 2012级教学计划的局部之一

课程性质	类型	序号	课程代码	课程名称		考核方式	课程类型	学分	学时分配			
									总计	理论	随堂实践	实践实训
				公共模块（小计）				40	490	430	60	28
公共必修	基本素质模块	1	172G11001	思想道德修养与法律基础		考查	A	3	48	48		
		2	172G11002	毛泽东思想和中国特色社会主义理论体系概述		考试	A	4	64	64		
		3	172G11003	大学英语	1—2考试、3考查		A	11	176	116	60	
		4	182G11001	体育		考试	A	7	110	110		
		5	172G11008	高等数学B		考试	A	4	60	60		

续表

课程性质	类型	序号	课程代码	课程名称	考核方式	课程类型	学分	学时分配			
								总计	理论	随堂实践	实践实训
公共必修	基本素质模块	6	172G11010	形势与政策	考查	A	1				
		7	172G11011	大学生职业发展与就业指导	考查	A	2				
		8	182G11005	军事理论	考查	A	2				
		9	132G11001	浙江特色水教育	考查	A	1	16	16		
		10	172G11012	"两课"实践	考查	C	1				28
		11	082G11201	大学生心理健康（1）	考查	A	1	16	16		
		12	082G11202	大学生心理健康（2）	考查	A	1				
		13		入学教育							
		14	182G11201	军训			2				
专业必修	专业基本技能模块			专业通用平台模块(小计)			12.5	112	80	32	88
		15	162221141	数字媒体技术导论	考试	B	3	48	48		
		16	162001101	网页设计与制作★	考试	B	4	64	32	32	
		17	162001102	计算机基础操作实训	考查	C	3.5				56
		18	162221130	素描（一）	考查	C	2				32

表3 2012级教学计划的局部之二

课程性质	类型	序号	课程代码	课程名称	考核方式	课程类型	学分	学时分配			
								总计	理论	随堂实践	实践实训
公共必修	专业基本技能模块			数媒专业基础模块(小计)			19.5	168	74	94	196
		19	162221131	素描（二）	考试	C	1.5				28
		20	162221101	色彩	考查	C	3.5				56
		21	162221102	设计构成★	考查	B	4	64	24	40	
		22	162221103	计算机图像处理★	考试	B	4.5	72	34	38	
		23	162221107	摄影艺术与技术	考查	B	2	32	16	16	
		24	162221132	摄影及后期处理实训	考查	C	1				28
		25	162221104	专业认识实习（分散在双休日）	考查	C	1				28
		26	162221105	写生实习	考查	C	2				56

续表

课程性质	类型	序号	课程代码	课程名称	考核方式	课程类型	学分	学时分配			
								总计	理论	随堂实践	实践实训
专业必修	岗位能力课程模块			平面设计模块（小计）			16	224	102	122	56
		27	162221133	数字速写实训	考查	C	1				28
		28	162221106	数字图形设计★	考试	B	4	64	28	36	
		29	162221107	标志设计与图形创意	考查	B	3	48	24	24	
		30	162221134	版式设计★	考试	B	3	48	24	24	
		31	162221110	商业平面设计	考查	B	4	64	26	38	
		32	162221109	平面设计项目实战	考查	C	1				28

课程时间安排说明：公共基础平台的基本素质模块课程和专业通用平台的专业基本技能模块课程在大一完成；数媒专业基础模块的专业基本技能模块课程在大二第一学期完成；四个岗位能力模块："平面设计"、"网页美工"、"影视动漫制作"和"室内外建筑表现"，在大二第二学期及大三第一学期完成，接着学生参加毕业实践与毕业设计。

4 "教、学、做"一体的"商业平面设计"课程的项目化教学模式

4.1 "教、学、做"一体的"商业平面设计"课程的项目化教学

由于总学时的限制，无法开设与平面设计模块中能力要求相一致的一些分门别类的专业课，我们只能进行课程的优化和整合，形成一门综合性的课程"商业平面设计"，即商业平面设计＝广告设计＋版式设计＋包装设计＋装帧设计。

"商业平面设计"是课程体系改革与优化后的一门新开课，它整合了平面设计模块的多门课程，目前还找不到集这些内容于一体的合适教材，故采用项目驱动"教、学、做"一体完成教学。

教学项目取自学生的日常生活，或者学校的仿真项目，或者社会需求项目，实现教学内容以岗位职业能力为目标的教学模式。这些现实的项目能激发起学生的学习兴趣和设计欲望，笔者在本学期教授"商业平面设计"时采用的项目案例如图2所示。

由此可见，课程体系的改革也包含了课程教学内容的整合，突显了以职业能力为导向的人才培养方案的制订原则；改革教学方法和手段，以案例或项目组织教学，融"教、学、做"为一体，强化学生专业能力的培养，增强学生的职业能力，来提升毕业生的综合素质和社会竞争力。如图3所示为某学生作品。

- 项目1：掌握CDR基本操作
- 项目2：绘制工行等银行和联通标志
- 项目3：花纹图案绘制与设计
- 项目4：制作光盘及封套、绘制透明标志
- 项目5：绘制插画和设计LOGO及自己名片
- 项目6：绘制产品展示效果图及商业插画设计
- 项目7：绘制房产宣传二折页
- 项目8：2013年数媒自主招生三折页设计
- 项目9：运动鞋招贴设计及招生海报设计
- 项目10："发现水专"—— 2013年水专摄影大赛海报
- 项目11：绘制数学竞赛海报和口红POP广告
- 项目12："岁月如歌" 数媒专业毕业纪念册封面设计
- 项目13：微电影 "杭州传奇" DV封套设计
- 项目14：塑料包装与纸盒包装设计
- 项目15：浙江水利水电学院校庆60年礼品袋设计
- 项目16：学生优秀作品集封面及内页设计

图 2 "商业平面设计"课堂"做、学、做一体"项目任务

 + + 60 =

图 3 学生作业在校庆 60 周年 LOGO 设计征集中入围

4.2 以岗位职业能力为目标的教学成果

以职业能力培养为主线的课程体系的构建以及对课程体系进行一系列的改革调整,优化了课程的设置及安排,并在 2010 级和 2011 级实施了调整后的课程体系,取得了良好的教学效果。其主要体现在以下两个方面。

4.2.1 参加各级各类比赛获奖率增加

(1)在 2012 年浙江省第 11 届多媒体大赛中,我校数字媒体技术专业的学生有 12 件作品入围,有 11 件作品获得一、二、三等奖,参赛类别包括平面、标志、动画、DV、网站五个类别。

(2)在 2012 年第 7 届全国信息技术应用水平大赛中我校数字媒体技术专业有 7 名学子最终取得浙江赛区复赛资格,1 人获省级一等奖和全国二等奖、1 人获省级二等奖、4 人获省级三等奖。

4.2.2 参加社会的设计大赛获奖

(1)2011 年 6 月,数字媒体技术专业 10-2 班荆缓缓同学喜获"杭州市区公共停车场(库)LOGO 标志"征集大赛入围优秀奖,并得到了获奖证书和奖金 1000 元。

(2)2012 年 5 月经过长达几个月面向国内外的作品征集和专家评委的严格评审,中央电视台"纪录 因你而变——CCTV-9 纪录频道标识艺术化演绎大赛"结果揭晓,我校计信系数字媒体技术专业 11-2 班陈朝东设计的作品《过去与现在》从众多作品中脱颖而出,获得大赛入围奖,如图 4 所示。

图 4 学生入围 CCTV-9 纪录频道标识艺术化演绎大赛

(3)数学媒体技术专业 2011 级 4 名学生在首届中国(杭州)大学生手机文化生肖设计大赛中取得了二等奖、三等奖和优秀奖。

在教学中采用项目实战是为了我们的教学更加贴近生产实际和岗位,凸显出对学生职业能力的培养。学生通过参赛培养了实战能力,获得这些奖项也说明我校数字媒体技术专业的学生具有扎实的基础理论知识与较强的专业实践技能,他们的设计得到了社会认可。

参考文献

[1] 俞瑞钊,高振强.以就业为导向的高职课程体系构建之实践与探索[J].中国高教研究,2007(5).

[2] 杨哲.数字媒体技术专业课程体系构建的探讨[J].现代教育技术,2011(8).

课 程 建 设

高职 Java 语言程序设计课程教学改革探讨

冯姚震　余先虎　黄　文

宁波广播电视大学信息系,浙江宁波,315010

摘　要：针对计算机应用技术专业高职学生的特点,设计合理的教学目标,分三层次、八模块选择教学内容,采用基于课程模块的案例教学方法,以课堂教学、建设环境、模仿程序、阅读程序、修改程序、编写程序六个步骤展开教学,精心设计实验内容,搭建实验平台,提高实验教学质量。

关键词：Java 语言;教学改革;案例教学

1　引　言

Java 语言是一种面向对象的程序设计语言,拥有面向对象、高可靠性、可移植、多线程等特性,广泛应用于企业级 Web 应用开发和移动应用开发,已成为 21 世纪首选的应用程序开发工具。我校计算机应用技术专业开设 Java 语言程序设计课程多年,收到了一定的成效,但同时也存在一些问题,如不能充分提高学生的学习积极性、实践环节设置不尽合理等[1]。因此有效整合课程教学资源、不断推进课程教学内容和教学方法的改革迫在眉睫。

2　课程教学设计

2.1　教学目标设计

Java 语言程序设计课程的教学目标如下:

(1)使学生准确掌握 Java 语言基本的语法、语义;

(2)使学生掌握 Java 语言上机调试方法,掌握 Eclipse 工具的使用方法,养成良好的程序设计习惯,提高程序设计能力;

(3)使学生掌握 Java API 参考文档的使用,熟练掌握常用类库,并初步具有在 Java 环境下自我开发的能力。

2.2　教学内容设计

Java 语言程序设计教材内容五花八门,经过几年的总结,我们将课程教学内容分为 Java 语言基础、面向对象程序和 Java 语言扩展三部分[2]。根据教学需要从中选取 Java 语言基础、面向对象程序设计、Java 基础类库、图形用户界面设计、Applet、异常处理、I/O 类库及文件处理、多线程八个教学模块。课程教学模块之间的关系如图 1 所示。

2.3 考核方案设计

考虑到本课程实践性较强的特点,采用形成性考核与终结性考核相结合的考核方式。形成性考核占20%,包括平时作业和上机实验、终结性考核分两部分,期末卷面考试占50%,实验考核占30%。其中实验考核必须达到及格,方可取得课程学分。这就使学生特别重视上机实践,促使学生认真学习,从而提高学生动手能力。

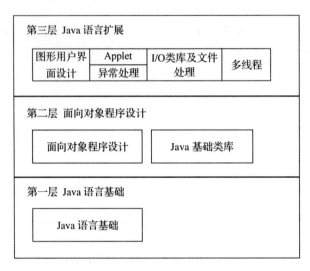

图1 课程教学模块划分

3 教学方法改革

3.1 教学思路

在教学中,采用基于课程模块的案例教学方法[3]。这种教学方法比较适合程序设计类课程的教学,符合由浅入深、循序渐进、师生互动、理论结合实践等教学思想。首先通过课堂教学,为学生开展上机实验作好必要的铺垫和准备。实验教学旨在提高学生的上机编程能力,因为学生的编程能力很难在课堂教学中直接提高,只有通过实验教学,让学生进入真实的Java环境,才能让学生在大量的细节和矛盾中学会思考,学会解决问题,体会软件世界的精彩,提高实际的编程应用能力。图2给出了Java语言程序设计课程教学的总体思路。

3.2 教学方法

本课程的教学按照课堂教学、建设环境、模仿程序、阅读程序、修改程序、编写程序这六个步骤依次展开。

(1)课堂教学。课堂教学在教学内容模块化设计的基础上以案例讲解为主线,选择在多媒体教室进行,包括PPT演示、经典例题讲解和代码分析等过程。

(2)建设环境。首先让学生自己动手下载、安装和设置JDK,使学生理解和掌握Java程序从书写源程序到得到执行结果的全过程。在后续的实验中要求实验室事先配置好

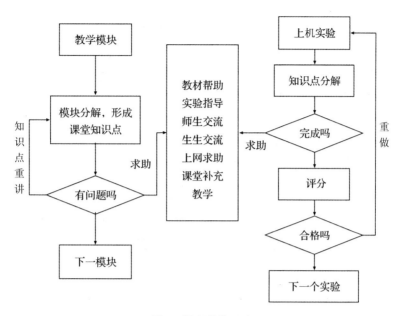

图 2　课程教学思路

JDK＋Eclipse的实验环境,以提高实验教学的效率。

（3）模仿程序。教师为每个教学模块中的知识点准备一些简单实用的例程,让学生进行模仿,甚至可以照抄。学生不断地重复编辑代码、编译程序、解释执行环节,就能逐渐熟悉 Java 语言环境和编程工具,使学生获得编程的成就感,激发学习兴趣。

（4）阅读程序。让学生逐行逐句阅读 Java 源程序,理解每句每块程序的含义,并添加适当的注释。教师在领读程序的过程中,可以与学生互动,启发学生展开讨论,引导学生触类旁通。

（5）修改程序。在阅读 Java 源程序的基础上,指导学生对读过的程序进行修改,修改可以从简单到复杂循序渐进。比如在 Java 语言基础模块中,可以先要求学生先学着修改 if 语句、for 循环等语句,巩固流程控制思想;在面向对象程序设计模块试着把某块代码抽象为方法,掌握方法的定义和实现;再试着把相关的数据和方法抽象成一个类,定义相应的构造器实现对类对象的自动初始化,从而掌握类的定义和实例化;在此基础上,要求学生对原有程序功能进行扩充,比如在类中添加不同功能的构造器、实现方法的重载与覆盖、完善图形用户界面、实现多线程等。

（6）编写程序。动手写程序之前,应指导学生明白设计一个 Java 应用程序首先要确定程序的结构,了解需要解决的问题用到了哪些类,这些类需要自己定义还是已经在 Java 类库中存在,如果已经在类库中存在,还要明白它们的构造器有哪些,需要用到哪些方法,方法的参数列表及功能;输入输出界面采用哪种形式,界面如何布局等。另外,在编写程序过程中要注意培养学生良好的编程习惯和 Java API 参考文档的使用能力。

3.3　实验教学实施

实验教学是 Java 语言教学的不可缺少的环节,只有实验教学与课堂理论教学相辅相成,互相配合,才能保证 Java 语言的教学达到应有的教学目标。针对八个教学模块,精心设计了八组实验,并编制了较规范的实验操作辅导讲义。另外我们还开发了相应的实验教学平台辅助实验教学,每学期安排 30 课时左右的实验教学课。

具体的实验教学环节的实施经历如下几个过程:

(1)教师在课堂上介绍实验要求和内容,要求学生课后预习实验;

(2)教师根据课堂教学的进度,通过实验教学平台发布实验要求和内容;

(3)学生在实验课时登陆实验教学平台,查看实验的要求和内容;

(4)学生根据实验要求和内容完成实验并上交,实验在设计时由易到难,循序渐进,主要经历模仿程序、阅读程序、修改程序和编写程序的过程;

(5)教师查看学生到课情况、学生作业上交情况,批改作业并实时反馈;

(6)学生查看实验成绩及反馈,如未达到要求则修改程序后重新上交。

4 总 结

Java 语言程序设计课程内容根据高职学生的特点,舍弃了那些已经落后的和难度过大的教学内容,经过几轮教学,学生普遍反映能够集中精力抓好课程核心内容的学习,收到较好的教学效果。课程采用基于课程模块的案例教学方法,在实际教学中,师生之间和生生之间交互活跃,课堂气氛轻松,拉近了师生间的距离。课程实验教学环境自 2006 年 2 月开始使用以来,已经过数次修改,系统操作简单,管理方便,大大降低了教师作业管理的工作量,提高了教学管理水平。对学生来说,通过实验系统,实时查看教师对自己的作业评分与评价,提高了学生的学习积极性。

参考文献

[1] 王侠,韩永印.Java 语言程序设计教学改革与实践[J].电脑知识与技术,2007.

[2] 朱喜福.Java 程序设计(第 2 版)[M].北京:清华大学出版社,2010.

[3] 刘梦琳.基于综合案例驱动的教学模式在 JAVA 课程中的研究与应用[J].内蒙古师范大学学报,教育科学版,2010.

基于增量模型的"数据结构"实验教学体系研究

赖 梅

浙江工业大学,浙江杭州,310032

摘 要: "数据结构"在计算机科学中是一门综合性专业基础课,是介于数学、计算机硬件和计算机软件之间的核心课程。该课程的教学包括理论知识的学习和实验教学,而将所学理论知识进行融会贯通来解决实际问题,才是数据结构课程的最终目的。本文针对目前数据结构实验教学中出现的普遍问题,把软件工程的增量模型引入该课程的实验教学体系,在项目内容衔接、学生组织形式、考核激励措施等环节上都进行了较为有益的研究和探索。

关键词: 数据结构;增量模型;实验教学

1 引 言

"数据结构"课程是计算机程序设计的重要理论技术基础,它不仅是计算机学科的核心课程,而且已经成为其他理工专业的热门选修课。教学要求包括:学会分析和研究计算机加工的数据结构的特性,以便为应用涉及的数据选择适当的逻辑结构、存储结构及其相应的算法,并初步掌握该算法的时间分析和空间分析的技术[1]。

"数据结构"是一门实践性很强的课程。学生在进行理论知识学习的同时,更需要利用所学理论知识进行融会贯通来解决实际问题。如何构建适合该课程特点的实验教学体系,已成为直接影响该课程教学效果的瓶颈之一。

作者长期从事数据结构及其相关课程的教学工作,针对目前在数据结构实验教学中出现的普遍问题,把软件工程中的增量模型引入该课程的实验教学体系,在项目内容衔接、学生的组织形式、考核激励措施方面进行了较为全面的研究和探索。

2 实验教学的现状与问题

2.1 先导课基础不过关

学习"数据结构"前至少要熟悉一门程序设计语言,如 C、C++、JAVA 等。以 C++ 为例,类、对象、指针、函数以及数据传递方式等,是学习的重点和难点,而数据结构所用的恰好是这些知识点。有些学生在学习 C++ 语言时,没有掌握好这些相关知识,因此在学习数据结构过程中用到这些知识时就感到很茫然,上机实验时也无法顺利地将一个算法用代码

赖 梅 E-mail:laimei@zjut.edu.cn

实现。久而久之，便丧失了学好这门课程的信心。

"数据结构"的特点是逻辑性强、抽象度高、算法复杂。这需要学生有一定的抽象思维以及逻辑思维能力，才能较好地理解数据结构中的抽象概念和算法。虽然只需要掌握编制程序的基本技术便可学习这门课程，但其中包含大量的抽象算法，若没有较好的"离散数学"基础，就会增加学习数据结构的难度。比如递归过程和算法的复杂度计算，既要求学生有抽象思维的能力，又要求学生有较强的数学基础。

2.2 实验过程流于形式

综合考察目前国内高等院校的"数据结构"实验大纲、具体的实验课程设置以及内容安排方面的情况，发现基本上都是围绕相应的课程教学内容展开的，无法构成实际问题的解决方案。从程序规模看，通常只有几十行或者几百行源代码，远远小于一个实际项目的规模。从实验项目的结构上看，由于是根据理论教学需要进行的，因此问题域已经高度抽象，学生很难得到有关综合运用所学知识的整体训练机会。另外这些相对简单的设计实践，一人就能完成，学生无法通过这些设计实践，去获得有关项目管理和团队协作方面的基本训练和实践经验。

2.3 传统的教学模式削弱了知识点之间的有机联系

目前高校的实验教学中，为减少其他知识点干扰，通常极力使用一种与其他知识点联系最少的描述以及上机练习题目。这在一定程度上达到了简化知识要点的目的，但也使每种数据结构与算法编程相互独立，削弱了互相借鉴的基础。

3 增量模型的引入

3.1 软件工程中增量模型的基本思想

增量模型是"软件工程"课程中介绍的开发模型之一，它融合了瀑布模型的基本成分和原型实现的迭代特征，采用随日程时间的进展而交错的线性序列，每个线性序列产生软件的一个可发布增量。使用增量模型时，第1个增量实现了基本的需求，但很多补充的特征还没有发布。客户对每一个增量的使用和评估都作为下一个增量发布的新特征和新功能，这个过程在每个增量发布后不断地重复，直到产生最终的产品[2]。增量模型的开发过程如图1所示。

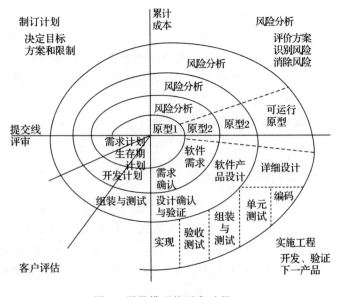

图 1　增量模型的开发过程

3.2 增量模型应用于实验教学

讲授"数据结构"的同时,作者还承担了"软件工程"的教学工作。通过尝试探索发现,如果在数据结构的实验教学中,引入软件开发过程中增量模型的思想,对于知识点的导入和学生兴趣的激发会产生很大作用。利用增量模型设置教学场景,可以使实践教学处于开放状态,不拘泥课堂内外的界限,也不受制于数据结构的总课时数。

教师利用原型或增量构造方法,在逐步为项目添加新功能时,将所学的知识点一一添加进来,由于所有的编程都是朝同一个开发目标进行的,这就要求学生在完成新功能时还需适当回顾前面的知识,而为了更好地完善程序,又需要自觉学习新的数据结构方法,这样实验教学就具有了持续驱动力。

另外,在实验课程引入软件工程原理,可使学生根据增量模型,按照规范开发过程,学习和应用数据结构原理和方法,开展小规模软件的数据管理系统的调研、设计、编码和测试工作。教师可以根据"软件技术应用岗位职业标准",来分析工作过程中的一系列真实职业角色,指导学生按照"需求分析员→架构师→编码员→测试员"等不同角色的转换,在增量迭代过程中完成任务,着力培养学生的职业能力。

4 实验教学体系的研究

4.1 项目内容序列化

数据结构是相互间存在着一种或多种特定关系的数据元素集合,主要包括线性表、树、图、散列等,而每类数据结构包括若干具体的数据模型,例如线性表包括顺序表、栈、队列。虽然实验知识点是随教学进度逐个添加的,但是为达到增量的可持续添加,教师必须在所有实验的实施前,对教学涉及的知识点进行梳理,对特定用途的数据结构(例如线索二叉树等),根据相应的特性设计题目。一个项目框架可贯穿更多知识点,但是不要奢望一个实验涉及所有的数据模型,只要涵盖每类数据结构的几种典型数据模型即可。

虽然教师讲授的是一种抽象的数据模型思想,但形象的事物有利于加深学生的理解。添加具体事物描述,可拉近学问与实际生活的距离,增加编程的趣味性。因此在实验题目设计上,要贴近学生熟悉的现实生活,使学生感受到实验题目具有现实意义,有兴趣用计算机编程去实现它。例如讲到栈结构的应用时,可以通过形象的动画来模拟货运站列车编组场景,让学生们通过使用栈的"后进先出"的特性实现铁路编组。

教师将问题细化,并根据事务的要求与某种数据结构对应起来,构成一个个功能增量模块。我们遵循迭代增量的开发基本流程,以真实的工作任务及工作过程为依据,整合、序化教学内容,设计若干学习性工作任务。就课程教学内容组织而言,考虑对于正发生迅速变革的计算机领域,选择那些相对稳定、长期有用的,对应用领域必不可少的知识结构,作为实验任务设计的内容。

4.2 学生组织团队化

在数据结构实验教学中,由于学生水平参差不齐,所以我们将学生分组,每组2~3人,选取学习成绩比较优秀、动手能力较强的同学任组长。组内的同学按学习成绩的优劣搭配,教师重点指导组长,组内成员可以相互讨论,组长负责解答一般问题。这样,组长在解答同学问题的过程中,自己的分析问题、解决问题的能力也得到提高,组内成员更容易沟通,能够及时发现问题、解决问题,提高实验课的效率,使每个学生都能在实验过程中得到锻炼和提高。

整个教学活动以小组为单位进行,无论是在算法设计、上机编程,还是在查阅资料、撰写实验报告过程中,小组中的每个成员都要认真参与,并配合组长的工作,体现团队精神和协作意识。当实验报告顺利完成并通过教师验收时,学生内心会充满集体的成就感和荣誉感。

4.3 考核方式多元化

"数据结构"是一门实践性很强的课程,因此我们提高了实验在期末成绩中所占比例,对实验教学探索出新的考核方式,使学生能够重视实验课程。具体方法如下:一是考核课堂认真度,教师在指导实验过程中,对学生的做实验状况做到心中有数,课堂实验有记录;二是考核学生的源代码调试能力,教师在指导过程中有意识地对学生提出程序出错该如何处理问题,加强学生调试程序的能力;三是考核实验报告的书写,不仅要求学生给出实验程序和结果,还要写出知识准备、设计思路、结果分析等,从实验报告上可以考查学生的逻辑组织能力;四是注重程序质量,如果程序体现一定的编程技巧和新方法,则适当增加评分系数,鼓励学生开动脑筋,拓展思路。这样学生的实验课成绩就融进了教学的全过程,学生在整个实验过程中都会积极投入,从而提高实验课的教学效果。

5 结 论

本文从数据结构在计算机专业的定位和课程的特性出发,研究了如何利用软件工程的增量模型,提高数据结构实验教学的质量。通过将增量的开发方式融入教学中,学生普遍对数据结构的编程产生了兴趣,在知识学习、分析问题和解决问题能力以及后期专业知识的学习方面均具有更好的效果。当然这种模式只是一种探索性尝试,存在项目设计和选取、模块定义等方面的困难。用一个项目贯穿整个学期的数据结构实验教学,往往不易实现,对多项目在教学中的交错穿插进行管理也有待进一步探索。

参考文献

[1] 严蔚敏.数据结构(C语言版)[M].北京:清华大学出版社,2006.
[2] [美]沙赫查.面向对象软件工程[M].黄林鹏,徐小辉,伍建焜,译.北京:机械工业出版社,2009.

高职艺术设计中澳合作项目课程开发研究

——以网页设计与制作课程为例

李振华

浙江商业职业技术学院,浙江杭州,310053

摘　要: 以高职艺术设计网页设计与制作课程为例,探索中澳合作项目课程的开发研究与实践。就开发理念、开发目标、教学内容的选取与组织及中澳职业资格的对接等进行项目课程的开发,通过项目管理、思维导图、网络视频互动课堂、实训教程的编制出版、工作室的开放管理等教学方法和技术运用于中澳合作项目课程的实践,建立一套开放式的中澳合作高职项目课程的考核评价体系,并提出若干中澳合作衔接过程中所出现问题的可行性建议。

关键词: 中澳合作;项目课程;网页设计与制作

1　引　言

在中澳合作教学实践中,强调课程及教学的应用性、动态性和开放性,引进澳方的TAFE教学资源、教学方法和教学理念与澳方接轨,评估体系不以一刀切的片面方式评判学生的能力,这些对提高我国职业教育教学质量大有益处[1]。但是国内与国外的教学情况有诸多不同,仍须探索出一条中外结合的新路子。

本文以全国首批高职中外合作办学项目质量认证试点院校——浙江商业职业技术学院为例,探讨中澳合作高职"艺术设计网页设计与制作"课程的开发与实践。

2　中澳合作高职项目课程与职业资格的对接

为了更好地开展教学,提出了中澳方共同备课的模式,在澳方提出的教学大纲的基础上,中澳双方共同商讨决定,最终形成教学计划和相关的教学内容。特别是在教学内容的选取和组织上,结合TAFE的技能培训包,采用项目模块课程的方式。

2.1　开发理念

浙江商业职业技术学院艺术设计学院中澳合作国际视觉传达艺术设计课程整合中、澳双方视觉传达设计教育教学资源,联合培养精通艺术设计、了解市场需求的艺术设计行业急需的创意、设计与行业制作人才。

李振华　　E-mail:Leezhenhua2000@163.com

2.2 开发目标

学生将成为具有国际文化背景及一门以上外语能力的复合型人才,能够在广告公司、出版社、影视制作公司、网络公司、商业公司等独立承担多媒体设计、网页设计与制作、版面编排设计及平面设计等专业工作。

2.3 教学内容的选取与组织

通过以项目课程引导为主,互动式教学为辅的教学方法,培养学生网站的艺术设计、网页编辑制作的基本技能,培养综合运用所学知识进行独立设计与制作完整的网站项目的能力,培养综合素质和行业岗位需求的能力,使学生获得的知识、技能真正满足网页设计制作职业岗位的需求[2]。

中澳合作艺术设计网页设计与制作课程内容按照澳方四级职业资格标准的要求来组织制定,分为两个阶段的两门单元制专业课进行:Build and Launch a Website for Small Business 和 Design Dynamic Website to Meet Technical Requirements。前一门课程主要讲授小型商务网站设计与制作,通过市场调研并选取市面上具有广泛需求的三个项目——Newsletter、blog、a website for small business 作为项目课程的教授内容。后一门课程主要讲授动态网站设计与制作,选取两个项目——online booking form、online shopping carts 作为教授内容。教学内容的组织见表 1。

表 1 澳方四级职业资格标准指导下项目课程内容的组织

课　程	项　目	知　识	技　能
Build and Launch a Website for Small Business	Newsletter	HTML 语言、table 处理网页布局	能够使用 UE 软件编写 HTML 网页 使用 HTML 语言编写网页的列表、表格、表单等 读懂网页的 HTML 语言代码
	blog	框架网页	熟练掌握在 Dreamweaver 中进行文字、图像、表单、多媒体等网页元素的组织,网页的布局 掌握使用框架网页建立网站
	a website for small business	Div＋CSS 布局网页	理解网站的规划与实现 了解 Div＋CSS 网页布局方法 综合运用所学知识和技能进行独立的小型企业/商业网站的设计与制作
Design Dynamic Website to Meet Technical Requirements	online booking form	Ajax 框架、Spry	掌握表单的使用 掌握表格、层的特效及技巧
	online shopping carts	动态数据库页面设计、Javascript 脚本	掌握 Div＋CSS 网页布局方法 掌握动态网站的关键技术 掌握使用行为、Javascript 语言制作网页特效 综合运用所学知识和技能设计与制作一个购物车系统

职业技术教育要求学生持有"双证",即毕业生要求同时具备毕业证和职业技能证。中澳合作办学使得毕业生拥有中澳方的大专毕业证和澳方的四级职业资格证书。对照澳大利亚的职业教育与培训体系,四级证书对应的是高级技工/监工的职业要求。为使学生能灵活地在国内外就业,获取国内高质量的职业资格证书,在教学内容的组织上充分考虑并结合了多媒体应用设计师考试的内容。中澳方职业资格的对接与项目课程的双证融通方式见表 2。

表 2　中澳方职业资格标准内容的对接

	中方职业资格	澳方职业资格	
多媒体应用设计师	多媒体应用的策划与设计		
	多媒体素材的制作和集成		
	多媒体应用系统的设计和实现示例　←对接→	Build and Launch a Website for Small Business	四级证书
	多媒体数据库及分布式多媒体系统　←对接→	Design Dynamic Website to Meet Technical Requirments	

多媒体应用设计师考试是全国以考代评的考试,通过考试的人员可以获得中级资格(水平)认证,在国内外都具有较高的分量。

多媒体应用设计师的实践技能操作部分主要分为四部分:多媒体应用的策划与设计、多媒体素材的制作和集成、多媒体应用系统的设计和实现示例、多媒体数据库及分布式多媒体系统。其中,中澳项目课程中的 Newsletter、blog、a website for small business 基本涵盖了多媒体应用系统的设计和实现示例的内容,online booking form、online shopping carts 又基本涉及了多媒体数据库及分布式多媒体系统的内容。同时,项目课程的实施开展,使得学生整体思路清晰,对多媒体应用的策划与设计掌握得较好,在多媒体素材的制作和集成方面也有诸多实践。因此,中澳合作网页设计与制作的项目课程实现了较好的中澳方职业资格的对接,学生在项目课程后经过适当的辅导,补充部分知识和技能,可以参加多媒体应用设计师考试并获得证书。

3　中澳合作高职项目课程的实践

3.1　基于项目管理体系的项目课程的实践

为了更好地监管教学过程,参照项目管理体系将中澳合作项目课程的流程进行分解,每个项目课程的开展分为五个阶段:启动——指导学生完成分组(2~3 名学生成组),从实践性、科学性、综合性上考量项目,确定项目主题;计划——指导学生调研、分析项目,包括对实际环境、文化背景、形象、功能作用的调研和分析,同时参考同类项目,并收集整理资料和图片;执行——指导学生通过草图的设计,构思完成初步方案;控制——指导学生调整并确定方案后设计制作正稿,以及讲授网页的设计与制作;收尾——指导学生进行展示处理以及把控整体质量。

每个阶段都设置里程碑进行检验,启动阶段为确定主题,计划阶段为项目设计规划书,执行阶段为草图的设计,控制阶段为项目功能模块的实现,收尾阶段为验收项目。项目课程通过项目管理开展将有序、有效。

3.2 中澳合作项目课程的教学技术

思维导图在项目课程中最初起到发散思维、创新创意的作用,最后起到收敛思维、总结整理思维的作用。在中澳合作项目课程中思维导图是用得最多的教学技术。在启动项目进行项目计划时,很重要的一步是调研和 SWOT 分析,然后根据先前的研究基础写出一份设计规划书,接下来小组对设计规划书进行头脑风暴,形成思维导图后再进行草图的绘制以及后续的正稿等制作。

网络视频互动课堂是现代远程教育中教育国际化的重要教学技术,能使远在天边的人实现近在咫尺的实时交流互动。首先网络视频互动课堂要求参与互动课堂的双方具备语言沟通顺畅的基础,要求参与互动课堂的双方具有相等的专业项目基础。这种课堂教学使双方能获取第一手的最前沿的项目课程讯息,更大层面上激荡思维火花,真正意义上实现中澳教学资源同步。

预计网络视频互动课堂教学技术将在中澳合作项目课程的深入合作中采用并推广。

3.3 编制出版中澳合作项目课程的实训教材

目前市面上的实训教材比较注重实践操作的讲解,但从总体上看,教材编写仍没有突破传统学科课程的羁绊,出版的教材多以作品和学生作业分析为主导,教材内容过于单一。编写体例上没有体现结合工作过程,重构任务式的工作模块或项目引导课程要求。部分相关专业院校的专用教材,过于偏重专题性研究,教学内容完整,涉及范围广泛,理论研究较深,但实践技能教学不足,缺乏以实际项目为引导的项目分析,教材涉及教学内容针对性和适用性普遍不强。同时教材编写人员基本上是学校教师,很少有行业企业一线专家参与编写,因此教材中的案例或实例针对性相对较差。

基于上述原因,与企业合作主编开发指导中澳合作项目课程的实训教材——《多媒体艺术设计实训教程》(2013 年初清华大学出版社出版),为培训正常有序的开展作好准备。在实训教程中,采用"模块化"技能训练、"进阶式"能力培养和"全真式"岗位实践相结合的项目。

3.4 工作室的开放管理

教学过程中积极鼓励学生参加真实比赛项目,因此需要进行工作室开放管理。

工作室开放管理的实施关键之一是要在课程教学中进行结对教学,即按照学生专项设计能力的高低,让基础好的与基础不够的学生搭配组合在一起,让基础好的学生帮助、指导基础不够的学生。结对过程中,采用自愿组队为主,教师协商参与进行调整的方式。结对教学有助于提高学生的学习积极性,营造互帮互助的学习氛围。

结对团队由团队负责人向教师申请,可在课余或晚上使用工作室进行操作培训,同时负责该使用时段的工作室安全、消防等管理工作。团队根据参与比赛的要求,参照设计制作流程,查阅收集资料,结合案例所学知识与技能进行讨论。教师要特别注意对学生创新思维能力与职业迁移能力的培养,对学生的思路进行点评,对学生不能解决的问题给予指点,或者系统地讲授,指导学生完成比赛。

3.5 开放式的中澳合作高职项目课程的考核评价

在项目课程的考核评价上,改变原有的静态的、终结性的考评方式,采用开放式的动静结合的考评方式[3]。

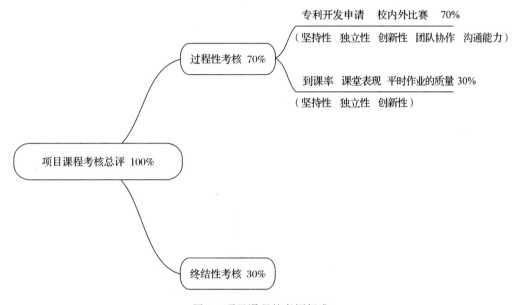

图 1　项目课程的考评标准

中澳合作项目课程的考评(见图 1)由过程性考核和终结性考核两部分组成。评价的主体不仅包括教师评价、学校评价,还包括学生自评、学生互评,以及社会评价环节。对学生自评、学生互评,以及社会评价环节建立了操作规范和实施方法。

其中终结性考核即为期末考核,一般安排一个大作业作为期末考核内容,占总评的30%。过程性考核是一个动态过程,能较客观地考查一个学生的总体状况,占总评的70%,主要由平时分(占过程性考核的20%)、创新分(占过程性考核的80%)组成。其中平时分主要考查学生平时的到课出勤率、课堂表现情况以及平时作业提交的质量等,创新分主要考查学生的拓展创新和团队协作能力,它由以项目课程为基础开展专利开发、开展校内外比赛等组成。

在开展中澳合作项目课程中,积极鼓励学生参与运用项目所学知识与技能,参与各类各型比赛,特别是进行专利开发申请。专利开发的难度远比参加校内外各类比赛要大,但其获得的成就感始终激励着学生不断攀升。项目课程的开展与实践对学生的技能素养的培养十分有效,2011 年就已获得国家知识产权局授权的学生外观设计专利 24 项。

4　中澳合作高职项目课程的几个衔接问题

随着教育国际化教学进程的推进,中外合作办学的过程中出现的问题逐渐被破解,实践经验越来越丰富,中外合作教学的质量将不断改进,师生的国际化视野和高技能水平将促使教育水平、教育技术、教育管理的不断提升。

中澳合作教学的课程中有三分之一的内容由澳方特派教师讲授,三分之二由中方教师讲授。教学大纲统一由澳方提供,并由澳方协助中方共同实施教学管理和质量评估。针对由澳方统一制定的教学大纲,中方再进行教学计划、教学资源等的撰写与编排。

针对中澳合作课程的流程,有如下一些衔接点需要协调解决:

(1)中澳合作课程的动态开放性,即这些课程的设置是由社会、市场的需求决定的。如果市场需求这些工作岗位,则应开设相应的课程,反之则不再开设该课程。同时课程中选取的项目也要紧跟市场的需求。

(2)中澳合作课程的教学大纲的制/修订周期较长,使得中方教师接收到教学大纲后,备课的时间相对非中澳合作课程的要紧张一些。这促使了从事中澳合作教学的教师每学期都需要不断地吸收发展迅猛的先进知识,掌握更多的实用技能,使之能更好地从事职业教育,当然这样的教学也是符合职业教育观的。

(3)中澳合作课程中使用的教学资料和内容,有很大一部分是由澳方引进的。但是没有经过中方教师的筛选、整理和消化,直接拿这些资料来授课,容易使学生学到的东西没有用武之地。因此需要强调本土化,剔除不符合中方教学情景的教学资料和内容。同时有必要积极探索中澳双方共同开发教材等先进学习资源。

(4)中澳合作课程中有中澳双方的教师,涉及双语教学的问题。学生在接触双语教学过程中是渐进适应并熟悉的。建议在专业课程之前,设置一门实用口语强化课,在这个实用口语强化课程的缓冲中,学生包括中方的教师能进入双语教学的环境中。随后再进行后续中澳合作课程就更为顺畅。

(5)中澳合作课程的中方教师是有效开展教学活动的关键。为了衔接好澳方的授课指导及持续性支持,每年都有计划地选派中方的专业教师到西澳洲中央技术学院进修。同时,也不能缺少对澳方教师在中方教学过程中的相关指导与培训工作,这样使其更快、更好地融入中方的教学氛围中,提高中澳合作的教学质量。

参考文献

[1] 楼建忠,杜红文.中澳合作教学实践中的问题及思考[J].职业技术教育,2009(11):45—52.

[2] 姜大源.职业教育学研究新论[M].北京:教育科学出版社,2007.

[3] 陈坤健,李海燕."计算机基础"项目化教学模式探悉[J].中国电化教育,2012(3):116—119.

基于个体差异的分类实训项目研究与探讨

——以三维图形设计实训课程为例

钱燕婷　代绍庆　李　平

嘉兴职业技术学院,浙江嘉兴,314036

摘　要：实训教学是目前高职院校教学内容中的重要组成部分,对培养学生的专业能力和职业素养起到重要的作用。现有的计算机类专业实训课程大都采用项目化教学,但是对每个学生所指定的学习目标和学习任务基本一致,没有考虑到教学对象的个体差异性。基于个体差异的分类实训项目通过为每个学生制定符合个人专业特长与兴趣的实训目标,进行多元化教学,使实训内容更具实践性、科学性、合理性、可实现性,能够满足不同层次、不同特点学生的学习需求,从而更有利于激发学生的学习自信心和学习兴趣,培养学生较强的专业技能、良好的职业素质和更为主动的学习能力,最终实现学生的全面提高,达到较为理想的实训效果。

关键词：3ds;Max;实训;项目

1　引　言

实训教学是实现学生岗位技能培养的重要内容,对于计算机应用技术、动漫设计等专业的核心课程"三维图形设计"来说,实训项目的开发与研究更是直接影响到学生职业技能的掌握和职业素质的培养。该课分为理论、实验和实训三块内容,学生在实训前已逐步通过基础性实验和模仿性实验,基本掌握软件的使用,同时也在不同个体身上表现出较大的差异性,如:空间感和立体感较好的同学擅长制作建筑模型,而美感较好的同学在渲染上表现出优势,这几方面均欠缺的同学则只能完成一些体量较小、技术难度较低的产品小制作,可见个体的先天差异性直接影响学习能力和学习效果。归纳可知,以往的实训中主要存在以下三个问题。

(1)实训项目的内容不够科学合理。现有的实训项目采用团队合作的方式完成,虽然有分工,但是对每个学生而言,项目的内容和要求基本一致,存在很大的同质性和重复性,即项目的方案设计和内容都没有较好地考虑到学生的差异性。

(2)学生因课程难度较高导致信心和毅力缺乏。对于 3ds Max 这一相对于 PS、Flash 来说难度较高的软件,高职学生普遍表现出学习自信心不够强,自我约束、自我管理的能力较差的现象,尤其是对工作量较大的实训项目的制作缺乏耐心和毅力。

(3)忽视了对学生综合能力的培养。学生往往只是模拟和重复教师或教材的操作步

钱燕婷　E-mail:dicsunny@163.com

骤[1]，不能将技术进行灵活的运用，缺乏独立解决新问题的能力，缺少创新思维，不能适应三维岗位的人才需求。

根据学情特点和现有师资，在前期院级重点课程建设的基础之上，课程教学团队联系嘉兴欣禾职教集团成员单位，开发出基于个体差异的分类实训项目，使实训教学实现了较大提升。

2 实训课程改革的必要性与重要性

改革是高职教育发展的直接动力，因此，深化实训课程改革是专业建设和课程改革的重点[2]，其必要性和重要性有如下几方面。

（1）课程教学设计的科学性与合理性的需要

一统化的实训任务不能满足学生的差异性需求，容易导致优秀学生的学习需要得不到满足，而一般的学生越学越乏味，学习困难的学生越学越困难。针对每个同学"量身定做"的分类任务使不同特点、不同层次的个体学习需求得到满足，使人才培养更具科学性、合理性。

（2）开放式教学打破了传统教学的局限性

实际的三维项目制作包含数据采集、模型制作、动画设计、后期编辑等多个流程，而传统教学只考虑整体的一致性，因此在时间和内容安排上受到限制，往往只安排模型制作或动画设计来作为实训内容。分类项目让不同的同学模拟不同的岗位任务，较大提升了实训内容的质与量，使同学们能够体验完整的流程，将学习的空间延伸到整个校园，学习的时间延伸到课余时间，避免了教与学分离，实现了工具、场地、师资的多元化。

（3）充分激发学生的主动性，培养自信心和求知欲

难度和工作量合理且逐层递进的目标，既能使学生在逐步深入的实训中不断挑战自己，又能建立他们的自信心和钻研精神，不至于因为难度过高、压力太大而失去信心，又不会因为太过容易或太多重复性操作而失去学习兴趣。

3 实训实施的具体方案

3.1 实训项目

三维项目来源通常有两种：一种是校企合作中来自企业的实际项目。实际项目复杂程度高、技术难度大、开发时间长，学生难以在较短的实训中完成整个项目的制作，而且受到空间限制而省略了数据采集这一重要过程，无法了解相关标准、训练相应技术。一种是来自教材的模拟项目，如产品制作、室内外效果图制作等。这一类模拟项目选择范围小，也无法体验到企业真实项目的具体需求，培养的人才与企业要求有一定距离。

因此，结合模拟项目和实际项目的优势，在校内专任教师和企业三维设计师的共同努力下，选取嘉兴职业技术学院三维校园的模型开发来作为实训项目，在企业标准的基础上进行部分模块的简化，将大的校园分解为多个小的区域由各个学生团队完成，每个团队成员又根据个人特点来承担不同类型、不同难度的任务。具体分类见表1。

表 1　实训项目分类情况

项目类别	实训内容
产品制作与地形制作	建筑物附属设施和简单地形的制作,如篮球架、路灯、雕塑及各类景观
建筑建模	教学楼、寝室楼、食堂、学生活动中心等建筑物的模型建立
室内渲染	校史展厅、会议室等室内效果的精图渲染和后期处理
建筑动画	校园建筑动画的设计与制作,渲染后用 After Effects 进行后期处理

3.2　实施过程

3.2.1　教学组织

采用"教师指导——学生自主组队——教师合理调整"的方法来进行团队组建。在实训前的准备阶段,通过测试、问卷调查、教学反馈等多种方式来帮助学生了解自己对本课的掌握程度、专业特长、兴趣等,并由教师将三维校园项目进行区域划分,指导学生自行组建项目组,选取技术水平较高、组织协调能力较强的同学担任项目经理,并选取团队感兴趣且有能力完成的校园区域作为团队的实训目标。

3.2.2　项目分解

教师指导担任项目经理的同学对各组所负责的项目进行任务分解,根据每个同学的个体差异进行任务的具体分配,从任务的技术难度和工作量来综合考虑目标的制定,在科学合理的基础上把握好团队内的平衡。不同类别的任务目标能够引导学生根据自己的特长和兴趣,钻更深、更广的知识,如喜欢建模的同学可以学习建模软件 ZBrush,喜欢平面设计的可以侧重于 Photoshop 后期处理,喜欢编程的同学可以学习脚本编程。

项目分解见表 2,以某个项目组为例,表中的难度系数及工作量从 1 到 5 逐级递增。

表 2　项目组任务分配情况

项目	任务	技术难度级别	工作量级别	具体内容	注意事项
图文信息中心、中地形	数据采集	1	5	地形和建筑物数据、表面贴图素材的采集	多角度拍摄、数据准确
	广场	2	4	路面、路灯、标志牌的制作	尺寸估计、比例
	公用设施	2	3	电梯、楼梯、洗手间	数值统一
	地形	3	2	池塘、步行道、绿化带的制作	不同区域高差
	地下层	3	3	含报告厅、网络中心、监控室、录播室等	挑空区域层高
	标准层	3	4	机房、阅览室、正门入口	各层结构异同
	顶层	3	2	机房、阅览室	屋顶结构
	模型整理	3	3	模型的优化、合并,统一材质	材质的管理
	动画制作	4	4	简单建筑动画的制作	摄像机动画的设计制作
	后期处理	5	4	分镜动画的合成与后期制作	特效的制作

3.2.3 项目开发

在校园三维模型的制作过程中,教师视各组需要而进行单独的分组辅导,并提供书籍、光盘、课程网站等教学资源,联系具有不同专长的兼职教师前来指导,为学生将来的职业发展打开了新的窗口,同时培养了学生非常重要的学习能力和钻研精神。同时也督促和鼓励实践能力较为欠缺的同学制定力所能及的学习目标,用耐心细致的态度来完成大量相对简单和枯燥的工作,如数据采集、图像素材的处理等,从而为团队项目的制作作出自己的贡献,培养良好的职业素养和团队意识。这一过程中充分体现了多元化教学:工具多元化、场地多元化、师资多元化。

(1)进度制定

教师指导担任项目经理的同学对实训任务的整体进度进行规划,细致到天、具体到人,为项目的顺利推进制定阶段性目标。教师要逐个审核各小组的进度表,避免出现因为过于理想化而进度设计得过快,或由于缺乏信心而过慢的极端情况。

(2)数据采集

由教师带领学生在校园中进行实地数据采集,所用的工具有摄影器材、测量设备等,培养学生细致的观察能力、耐心的工作态度。对于一些难以直接获得数据的建模对象,引导学生发挥创造性思维,通过寻找参照物进行对比等方式,进行有效、合理的估算,同时培养学生严谨求实的职业态度。

(3)过程管理

在建模的过程中,对于各个项目组每天的工作进展进行严格的监控和管理,要求各项目经理在当天实训结束时,对照进度表向教师汇报项目的推进情况。对于所出现的问题,指导学生通过调整任务分配、增加课外的制作时间等方式来保证项目进度。

(4)中期小结

实训进行到一半时进行中期小结,由项目经理向全班汇报小组的项目进展,交流建模技术和团队管理上的经验,分析存在的困难和不足,教师掌握实训项目进行情况[3],提出下一周的实训任务,培养学生掌控项目的整体意识,以及良好的自我展现和沟通能力。

(5)作品输出

作品的输出有两种形式,一种是渲染效果图,其中又分为默认扫描线渲染和运用渲染器插件进行渲染;一种是制作简单的摄像机动画,渲染输出后再用 After Effects 制作特效,如入片头片尾、字幕,进行配乐等,这部分工作也可以到影视制作的公司由企业兼职教师指导完成。

(6)汇报总结

实训结束时各组制作汇报 PPT,并评选出 VIP 队员,由组长和 VIP 队员共同进行项目汇报。汇报内容包含项目展示、技术要点回顾、团队总结、建议和展望,其他各组的同学均可以提问,汇报人需给出回答。这种形式的总结活跃了实训的气氛,激发了学生的学习热情和参与积极性,使学生在对实训项目进行全面、深入的回顾与思考的同时,很好地锻炼了表达和沟通能力,也引发他们对后续学习的规划和向往。

4 实训考核评价

实训结果的考核分为过程考核和结果考核两部分,各占 50%。为加强对团队的管理,赋予项目经理参与过程考核的权力,团队成员的过程考核分数由专、兼职教师和项目经理的打分共同组成,分别为 50%、30%、20%。考核侧重点见表 3。

表 3　实训考核内容情况

考核人员 考核点	专任教师 50%	兼职教师 30%	项目经理 20%
过程考核	学生的学习态度、实训前后知识点的掌握程度变化	侧重学生实训过程中技能的接受过程	团队合作精神、在实训时的努力程度
结果考核	按教学计划要求结合学生个体差异对实训作品作出评估	以企业项目实际标准衡量实训作品技术符合度	实训时在组中承担工作量大小及完成情况

5 结　语

根据学生的个体差异性将实际项目进行科学合理的任务分配,使实训的实践性得到明显提高;为个体制定不同的实训目标和内容,使学生的学习热情和独立性大大增强。有20%的同学在教师指导下进行新软件的学习,五个小组中有两个制作完成了建筑动画,所有的同学均积极认真地完成了实训任务,自我评价良好,对课程和师资团队的认可度高。

该实训实现的困难重点主要在于前期的数据采集和师资。由于整个项目所需的数据量非常大,需要投入大量的时间来进行数据采集和预处理,因此需要在实训正式开始之前就做好相应的准备工作。为实现不同学生的发展需要,对教师提出了更高的技术能力要求和更强的统筹能力要求,同时也需要来自企业的兼职教师提供大力支持。总体而言,分类的项目实训在着重训练学生开发三维作品的技能和解决实际问题的能力同时,充分培养了学生团队合作能力和沟通协调能力,使学生在高度真实的工作环境中树立了良好的职业意识。

(论文课题来源:嘉兴职业技术学院院级课堂教学改革课题)

参考文献

[1] 陈虹洁,李艳.Flash 动画设计实训教学探讨[J].科技视野,2011(9):76.

[2] 杨世俊.深化实践教学改革,促进实习、实训教学质量的提高[J].科技信息,2012(32):418.

[3] 李嘉.基于职业岗位的项目化软件实训方案研究[J].科教文汇,2011(9):185,194.

基于 CDIO 理念的高职数字图形图像设计
与处理课程改革探索及实践

阮　威　金斌英

台州职业技术学院,浙江台州,318000

摘　要：针对目前高职数字图形图像设计与处理课程教育存在的问题,文章提出基于 CDIO 工程教学理念的数字图形图像设计与处理教学改革模式。该教学模式紧紧围绕数字图形图像设计与处理课程能力培养大纲,让学生处于图像处理和图形设计项目逐渐实现的真实情境中,以问题学习的形式和探索性的项目设计为载体,使学生进行自主学习,最终实现对其专业能力和职业能力的培养。

关键词：CDIO;图像处理;图形设计;课程改革

目前,如何培养具有良好的专业能力、职业能力和社会能力,并且能够与市场紧密对接的工程性人才是我国高职院校普遍急需研究解决的现实问题[1]。近些年来,高职院校各专业都根据自己的实际情况进行了各种教学改革,作出了大量有益的探索,但具体措施大多数来源于经验层面,缺乏具有普遍指导意义的理论和实践系统。

1　CDIO 模式

CDIO 是国际工程教育与人才培养的创新模式,它是 Conceiving, Designing, Implementing and Operating 的缩写[2],即"构思—设计—实施—运作"。由美国麻省理工学院和瑞典皇家工学院等四所世界前沿工程大学从 2000 年起组成的跨国研究组织,经过四年的探索与研究,创立了 CDIO 工程教育理念并成立了 CDIO 国际合作组织。因 CDIO 与社会需要一致,特别是契合了高职教育的特点,具有国际先进性、实践可操作性、全面系统性和普遍适应性等特点而被国际上几十所院校所采纳,效果显著[3]。近年来,国内一些大学和高职院校也相继开展了 CDIO 应用研究,取得了一定的成果。文章结合高职数字图形图像设计与处理课程实际,探讨基于 CDIO 理念的课程改革探索与实践。

2　数字图形图像设计与处理课程的概况

平面设计师从事解决平面设计创意、设计、管理和服务等设计工作中的实际问题,整个设计运作流程与 CDIO 的教育与人才培养模式相契合。同时,数字图形图像设计与处理在整个专业课程体系中是实践性和综合性最强的一门专业基础课程和专业核心课程,因此,

------

阮　威　E-mail:ruanwei@yeah.net
金斌英　E-mail:36496268@qq.com

选择数字图形图像设计与处理作为试点课程。根据数字图形图像设计与处理课程实际内容、特点以及 CDIO 理念,制定了数字图形图像设计与处理课程能力大纲:①掌握图像处理、图形设计基本知识,包括基本设计流程、相关软件的使用、色彩管理、设计方法等,提升专业能力;②获取知识和综合运用知识的能力;③掌握问题导向的思维方式;④学会"软"技术,提升个人职业能力;⑤团队协作,交流沟通能力,提升社会能力;⑥熟悉在社会现实中构思、设计、实施、运作系统的能力,在课程中体现平面设计师的职业能力和意识。

3 基于 CDIO 理念的高职数字图形图像设计与处理课程的实施

为了在数字图形图像设计与处理课程中实现对学生 CDIO 能力的培养,我们对现有的数字图形图像设计与处理教学模式进行了改革,将原有的数字图形图像设计与处理课程体系有机地融为一体,采用问题导向的实践教学形式,主要分为以下几个层次。

3.1 课程调研

课程调研是数字图形图像设计与处理课程改革中十分重要的一步。课程调研工作以前往往都是由课程负责人和行业资深专家联合完成,缺乏学生的参与,学生的切身体会不强。与德国、澳大利亚等国的职业教育情况不同[4],我国的职业教育生源大部分都还是来自于学校,高中毕业生或者中职毕业生,而不是来自于企业一线职工,这样的生源情况造成的直接影响就是,学生不知道所学的专业,课程学出来之后有什么用,能干什么?学习缺乏明确的目的性,也直接影响到了学习的积极性和主动性。职业素养和职业能力的培养更是需要强化。因此,在课程之初,让学生到用人单位去实地进行课程调研就成为课程始前教育的重要一部分,这也是我们课程改革的重要步骤。课程教学团体精心设计了一系列与课程紧密联系的专业能力问题和职业能力问题,让学生利用空暇时间,走入用人单位,进行实地课程调研,回答相应的专业能力问题和职业能力问题。通过课程调研,让学生切身体会到用人单位需要什么样的专业能力和职业能力,通过数字图形图像设计与处理这门课程的学习需要掌握哪些知识,掌握到哪种程度,能够对应哪些具体岗位,与数字图形图像设计与处理课程紧密相连的其他课程有哪些。

课程调研是符合我国高等职业教育当下国情的有益探索[5]。在基于 CDIO 理念的高职数字图形图像设计与处理课程改革实践中,我们深刻感受到,通过课程调研,学生找到上述问题的答案,也就知道了课程的定位和学习目标,明白了用人单位专业能力要求和职业能力要求,明确了学完课程后能够干什么,可以承担哪种岗位,学习积极性和主动性大大提高,课程的黏连性也更强了,教师与学生都能从中受益。

3.2 课堂教学

课堂教学是数字图形图像设计与处理课程改革的主战场。我们需要改变传统的知识点讲授、工具操练的教学模式,将知识点的学习、工具的使用、方法和技能融入具体的项目中去,通过项目的实施达到教学目的,并将项目按照 CDIO 理念进行设计、合理组织,并付诸实施[6]。实现课程所有知识点、工具、方法和技能以螺旋上升型结构排列,利用项目之间的耦合关系,对重要的知识点、工具、方法和技能进行反复练习,直至深刻理解,熟练运用,从而提升学生专业能力。教师在课堂中需要完成的主要任务有：①项目导入。项目来源于实际工作，并结合课程实际进行筛选和清洗，使其符合授课需求，学生可以以小组的形式或者个人的形式充当项目的乙方，教师作为项目的甲方。当然，在整个项目实施过程中，教师还负有监督、指导的职责。②问题导向。项目设计之初，就从头到尾精心设计了一系列的问题，项目就是由问题组成的。这些问题好似一道道关卡，引领学生来分析问题，解决问题，直至通关。通过问题导向，很容易抓住学生的注意力，使得学生按照预先设计好的路线前进，遍历项目所承载的知识点、工具、方法和技能。解决这一系列的问题之后，项目也就完成了。通过目标的达成，学生往往能够体验到良好的成就感，激发出更多的学习热情。③点评优化。项目最后，需要项目乙方以 PPT 的形式对整个项目的实施过程进行全面介绍，对用到的知识点、工具、方法和技能进行阐述，回答教师提出的问题。针对乙方的介绍情况和回答问题情况，教师可以有针对性地对其进行点评，加深其认识，并对可以改进的方法和技能提出优化建议，进一步引领学生深入思考问题的解决方法。

3.3 生产实习

与课程调研一样，生产实习也是让学生到用人单位去完成。课程调研是让学生用眼睛去看，用嘴巴去问，用耳朵去听，着重点在了解上面；生产实习则不同，是让学生走到用人单位去动手实践，事必躬亲，着重点在理解上面。生产实习安排在课程末端，在前期的课程调研和课堂教学阶段，学生已经掌握了一定的知识、工具、方法和技能，通过将实际工作的项目引入课堂教学，也让学生具备了基本的职业能力和专业能力，很多学生都表现出跃跃欲试的姿态。学生的这种表现往往意味教学过程取得良好的效果，通过专业能力和职业能力的提升，带来学生自信心的提升。在基于 CDIO 理念的高职数字图形图像设计与处理课程改革设计阶段，我们就将专业能力、职业能力和社会能力的提升作为课程改革的目标，其中的社会能力，主要是在生产实习中去锤炼。充分利用学院、系部、专业的外部资源，让学生到用人单位去，到生产设计一线进行生产实习。学生对应的实习岗位一般是平面设计师助理，协助设计师完成设计工作，在与设计师互动交流的过程中，学生通过自身的专业能力和职业能力，可以分担设计师部分工作任务，设计师很乐意让学生动手实践，自己在旁边进行指导，这使得学生可以获得大量的实践锻炼机会。

在生产实习过程中，从学生反馈回来的信息看，主要收获有以下几点：①知不足。学生首先认识到自身的不足之处就是经验的缺乏，其次是自身的专业能力和职业能力还有很大的提升空间，这些切身感受有助于学生找准自己的位置，提升学习热情。②专业能力不是唯一的。实习单位也是社会的组成部分，有很强的社会性，社会百态都会映射到企业中去，要在用人单位立足，除了过硬的专业能力，良好的职业能力，社会能力也必不可少。通过生产实习，让学生认识到社会能力的重要性，那么生产实习就有了收获。亲身实践所得，是教师在课堂上说一千遍也比不上的，俗话说喊破嗓子，不如甩开膀子。

3.4 项目组织与设计

项目组织和设计是基于 CDIO 理念进行课程改革的关键要素。课程中学习的项目来源于工作实际，但是并不是所有的工作实际内容都适合作为授课内容，对实际工作中的内容必须精心选择，进行筛选，使其能够满足授课要求，也能兼顾工作实际。同样，对项目任务必须精心组织,合理安排,使其符合学生的学习习惯和知识传授过程中的客观规律。在基于 CDIO 理念的高职数字图形图像设计与处理课程改革中,通过搭建校企合作平台,由校企双方通过分析授课对象,对授课内容进行选择,结合企业需要的人才规格建立人才培养目标,共同制定课程标准。在课程改革实践中,我们采用螺旋上升型结构来组织安排项目,利用项目之间的耦合关系,合理序化,满足授课的需求。完成项目组织与设计的同时,充分利用校内外实习实训基地以及网络教学资源,瞄准职业培养目标,锻炼学生的社会能力、职业能力和专业能力,满足学生职业生涯发展需要。

3.5　课程考核体系

课程考核是检验学生学习效果的一种有效手段,也是促进学生学习的重要方法。与传统的学期末"一锤定音"式的考核方式不同,基于 CDIO 理念的数字图形图像设计与处理课程改革实践中,我们确定了"过程化考核"的课程考核体系,针对学生的考核不仅仅拘泥于学期末,而是从课程开端到课程结束,采用全过程化的考核方式。①课程前期。在这个阶段,考核的重点有课程调研报告书写能力、PPT 制作能力、口头表达能力。②课程中期。考核的重点有项目运行能力、团队协作能力、设计制作能力。③课程后期。考核的重点有交流沟通能力、职业素养、学习能力;在生产实习阶段的考核由课程负责人和生产实习单位联合进行考核,课程负责人通过与生产实习单位设计师交流沟通,获得中肯的评价。"过程化考核"分为前、中、后三个主要阶段,每个阶段考核重点不同,相应的权值也不同,考核最终成绩完全由过程成绩组成。

4　结　语

基于 CDIO 理念的高职数字图形图像设计与处理课程改革的探索与实践突破了以学科本位为主线的课程框架,具有以下两个特点:一是以问题导向的形式,以探索性的项目设计为载体,通过融合多种教学因素来培养学生的职业能力、专业能力和社会能力;二是对实践项目进行筛选,实现项目教学自身内部的统一和协调,让学生在一个较长的时间内处于实际工作情境中,事必躬亲,通过与外部环境中的人、事、物的交流互动,获得对平面设计知识与社会现实更为深入的理解,明确自身不足,找准自身定位,激发出自身的学习源动力,为今后走入社会、承担工作奠定良好的基础。

在基于 CDIO 理念的高职数字图形图像设计与处理课程改革探索与实践中,有些问题值得我们关注:首先 CDIO 教学理念需要教师具备系统全面的知识,这些知识具有整体性,这对教师的要求非常高;其次,课程实施依赖于前期建立的外部资源,这些为课程改革的实施创造了必不可少的条件;最后,针对校内学习和校外实习,学校与实习单位如何建立无缝对接的管理机制,仍有待于后续继续研究。

参考文献

[1] 胡占军,张欣,董建荣等.基于 CDIO 模式的项目教学实施方案[J].中国职业技术教育,2009
　　(24):55-58.

[2] 陈文杰,任立军,张林等.新加坡理工学院基于 CDIO 模式的项目教学改革[J].职业技术教育,2009(35):91－93.

[3] 刘会英,盖玉先,徐宁.探索适合我国国情的 CDIO 工程教育模式[J].实验室研究与探索,2011(30):106－110.

[4] 姜大源.职业教育学研究新论[M].北京:教育科学出版社,2006.

[5] 胡文岭.高职平面设计软件模块化教学新探[J].教育与职业,2012(2):94－95.

[6] 杨宏伟,宋文华,罗晓蓉.关于 CDIO 模式引入高职动漫教育的探索[J].山西财经大学学报,2010(32):246－247.

管理信息系统设计与课程实践的探讨

王竹云

浙江财经学院，浙江杭州，310018

摘　要："管理信息系统"课程是集管理学、计算机科学等诸学科于一体的交叉学科，是管理类专业的专业必修课。针对如何系统地学习管理信息系统的基本概念、开发与维护方法，使学生通过该课程的学习对管理信息系统有一个全面的了解和深刻的认识，以达到能用系统的观点来认识系统建设、掌握管理信息系统的分析方法、掌握管理信息系统建设的各个步骤及技术、能将管理知识与计算机技术有机地结合起来，本文根据课程的特点，给出了教学改革与课程实践的方案。

关键词：课程特点；教学改革；因材施教；课程整合

1　引　言

随着人类进入信息时代，信息的获取和信息的管理水平已经成为衡量一个国家综合实力的重要标准。作为一门新兴学科，管理信息系统综合了管理科学与工程、计算机科学、经济理论、统计学和运筹学等科学的概念和方法，形成了独特的体系和领域，其主要研究企业信息系统的组织、开发和管理[1]。

"管理信息系统"课程是我校工商、财政、金融、会计、农经、人力、市营、物流等专业的必修课程，因此课程的教学理念、教学方法与教学手段必须不断地加以调整和优化，才能适应该课程教学的需要。我们在继承传统教学方法的基础上，结合专业的特点，不断改革和完善课堂教学、课程实践等的教学方法与教学手段，努力提高学生的学习能力和实践创新能力，取得了一定的实际效果。

2　课程特点

"管理信息系统"是一门指导管理信息系统开发和维护的课程。设置该课程的目的就是要求学生通过系统地学习管理信息系统开发的过程、工具、方法，掌握系统开发的技术，能用工程的观点来认识管理信息系统的建设，掌握系统的开发方法，掌握系统开发的各个步骤及技术，按计算机软件工程规范国家标准撰写文档，能将所学的理论知识快速应用于系统开发实践，从而具备从事计算机系统开发和维护的初步能力。课程内容抽象，总结性的内容多，条条框框较多，不太容易讲解，学生学习起来也感到内容空洞、枯燥乏味、难学。针对这种普遍现象，其主要原因如下：

王竹云　E-mail：wangzhuyun@tom.com

(1)课程的综合性强。管理信息系统开发是一项系统工程,需要开发者具有管理学(会计学原理)、计算机基础、数据库原理、程序设计方法等多方面知识和综合能力。而学生学习的只是单一的课本知识,知识面窄而且没有系统化。

(2)实践经验的缺乏。课本内容采用将知识点从具体到抽象、对实践经验进行概括总结的方法加以叙述,学生对实例并不了解,难以理解所讲述的知识;另一方面是没有适合学生观摩和借鉴的实用软件系统。

要想将该课程讲得通俗,让学生易于接受又能达到相应的教学效果,必须对该课程进行改革,采用案例实践教学,突出实践环节,培养学生开发管理信息系统的独立解决问题的工作能力及自己动手的实际操作能力。

3 教学改革

3.1 依据培养对象,因材施教

大学本科教育在传授基本理论和基本知识的同时,更强调基本素质、基本技能和基本方法的培养,专业理论以培养技术应用能力为主线,具有较强的针对性和实用性。培养目标是不仅要给学生传授知识技能,而且要培养具有创业和创新精神的人,进行以人为本的教育,培养学生职业道德、技术操作、团队合作和创业能力,传授人文价值观。

3.2 按培养目标,对课程进行整合

本课程是较早采用多媒体教学手段的课程之一。为提高课程的教学质量,我们自行组织编写了《管理信息系统教程》教材,自制了统一的《管理信息系统教程》多媒体课件,在统一的课件中融入集体智慧。统一课件的制作对提高课程的整体教学水平、提高青年教师对课程的把握能力、增强教师之间的教学交流都起了良好的效果。同时也鼓励教师将自己的特色融入教学中。

3.3 以问题驱动开展教学

以实验课程作为"管理信息系统"理论课的配套课程,目的在于帮助学生理解理论课程所学基本原理、基本方法,培养学生的操作、管理和分析开发管理信息系统的能力。

实验课程主要内容如下:

(1)"安易系统"软件实验。安易系统是我国自行开发的最有代表性的财务软件,学生通过该软件的使用,能够了解我国财务软件的现状、基本功能和基本操作方法。该软件应用共分7个实验,包括完成安易系统的初始设置、凭证输入、审核、记账、结账、报表输出等内容。通过这些该实验,能让学生掌握一个完整的会计流程。

(2)"成功进销存"软件实验。成功进销存系统是经典的进、销、存企业内部物流管理系统,其业务流程结构化,易于理解。通过该软件的使用,能帮助学生理解进、销、存的基本流程和软件操作方法。该软件应用共分2个实验,包括进销存系统的初始化、采购、销售、调拨、领用、进货退货、销售退货、收支、应收应付等内容。

(3)"ERP用友"软件实验。用友U8系统是集成财务、生产制造、进销存、人力资源等

各种功能的 ERP 系统。学生通过该软件的使用,能了解我国 ERP 软件的现状和基本操作方法。该软件应用共分 5 个实验,包括用友 ERP 的系统设置和初始化、总账系统的初始设置、总账的日常业务处理、期末处理、UFO 报表等内容。

(4)管理信息系统开发实验。此部分包括 3 个实验:管理信息系统的可行性分析及需求调查、系统分析、系统代码设计。要求学生以组为单位,选择一个系统,按系统调查与分析范例的要求进行系统调研和分析。该实验着重培养学生的系统调查、分析、设计能力。

这种带着明确的实践任务,按照阶段划分、强调文档等系统工程的思想,采用理论与实践相结合的教学方法,使学生既了解了软件开发的基础性、共性知识,又掌握了实际开发方法的应用。

3.4 培养团结协作的精神

在管理信息系统开发过程中,不仅要求每个成员的个人能力,更强调团队合作精神。在教学中,除了介绍项目组织过程中强调团队团结协作的重要性外,更主要的是还要在项目进行的过程中来体现。小组成员的组合以及每个成员的分工均由学生自由组合,但事先告知组合前应该要注意考虑每组人员的理论知识与实践动手能力相互搭配。每组推荐一名组长,不仅负责日常事务,同时管好项目要求的各项技术。要求组员们既服从组长的领导又主动发挥个人积极性,互相尊重、互相学习,依靠团队的力量完成任务。当遇到问题或困难时,任课老师给予指点、协调。这样同学们不仅提高了专业水平,也加强了团队合作意识和同学之间的友谊。

老师在整个项目进行过程中采用多种方式给予指导,经常了解学生的项目进展情况;同时给出一些案例,让学生在总结别人经验的基础上完成自己的系统。在教学过程中除了单一的讲授外,还组织形式多样的讨论、演示活动,以提高教学效果。

4 加强实践课教学的指导力度

上机实验是该课程的一项重要的教学环节,是培养学生动手能力、独立分析解决问题能力、创新实践能力和理论联系实际能力的重要途径之一。再多的理论讲授,如果这门课程没有实践环节,学生也不能真正地学好这门课程。为此,我们精心编制设计了 17 个实验项目。实验内容需要 36 上机机时,其中 18 机时为教学计划安排的实验课时,学生需在课外额外补充上机时间以完成实验作业。实验项目如表 1 所示。

另一方面,上实验课时,我们的做法是:实验课前,先布置要做的实验,要求学生课前认真准备实验内容。这样,上机操作能有针对性地解决实际问题,在实验课时可以大大地提高上机效率。在实验课时,学生是信息加工的主体,是知识的主动建构者,机房的学习环境又有利于同学之间的相互交流和学习,将封闭学习转换成开放学习,教师也能有的放矢地对学生进行个别指导和交流。实验课结束时,学生将所做的实验结果上传到服务器,以便老师及时阅读、批改。实验课后学生书写实验报告并及时提交,老师根据实验报告批阅的情况,在下次理论课时上课前及时进行一次评讲,能达到很好的教学效果。

表1 实验项目一览表

序号	实验项目名称	项目类型	实验课时	必做/选做
实验一	通用账务处理系统(一)——系统初始化	操作性	2	做实验1—9部分,就不用做实验10—14
实验二	通用账务处理系统(二)——系统初始化	操作性	1	
实验三	通用账务处理系统(三)——凭证输入	操作性	4	
实验四	通用账务处理系统(四)——凭证审核、记账、查询	操作性	1	
实验五	通用账务处理系统(五)——辅助核算	操作性	1	
实验六	通用电子报表系统(一)——标准报表的编制	操作性	1	
实验七	通用电子报表系统(二)——自定义报表的编制	综合性	2	
实验八	成功进销存软件的初始化(一)	操作性	3	
实验九	成功进销存软件的进销存业务登记(二)	操作性	3	
实验十	ERP(用友)系统管理和基础设置	操作性	3	做实验10—14部分,就不用做实验1—9
实验十一	ERP(用友)总账管理系统初始设置	操作性	3	
实验十二	ERP(用友)总账管理系统日常业务处理	操作性	6	
实验十三	ERP(用友)总账管理系统期末处理	操作性	3	
实验十四	ERP(用友)UFO报表管理	综合性	3	
实验十五	可行性分析及需求调查(一)	设计性	课外完成	必做
实验十六	系统分析(二)	设计性	课外完成	
实验十七	代码设计(三)	设计性	课外完成	

5 教学实践

管理信息系统实践课程的设计目标是培养学生的团队合作及系统研发能力,让学生在团队环境下使用最新的软件开发工具,获得较真实的软件开发经验,提高学生项目规划、队伍组织、工作分配、成员交流等多方面的能力,培养积极向上的合作精神。

5.1 课程实践

课程实践的主要形式是建立开发小组,每个团队由5至6位学生组成,强调协作和分工,完成既定的项目。

项目开发分为三个阶段:①可行性分析及需求调查,目的是掌握可行性分析的方法,学会进行用户需求调查;内容为制定调研计划、选择调研方法和工具、收集调研资料、绘制调研系统的业务流程图、对调研系统进行开发可行性论证,并提交可行性分析报告;要求学生调研选定的系统,并写出可行性分析报告。②系统分析,目的是掌握系统分析的方法和系统分析报告的撰写方法;内容为对现行系统进行分析,并提出目标系统的逻辑方案(数据流程分析、数据字典、新系统功能结构图、新系数应用程序架构和开发环境),撰写系统分析报告;要求学生提交系统分析报告。③代码设计,目的是学习系统代码设计;内容为对所调研的系统进行代码设计(识别编码对象、确定编码方案、编码);要求学生提供代码设计方案。

课程实践考核方式为:电子数据文档、报告文档(包括操作类实验的报告、开发类实验的可行性分析报告、系统分析报告、代码设计方案)[2]、实验到课情况及课堂表现。

5.2 实践教学的组织

课程设计或开发的项目可以由任课教师给出,也可以由学生自己选题,经老师同意可列为项目。在系统开发环境选择上,可以根据项目需求和学生掌握知识的情况,自主地选择所熟悉的一种前台开发工具和后台数据库与操作系统及开发环境等。

从项目立项开始,可行性分析及需求调查、系统分析、代码设计等各环节,每个阶段应递交相应的文档,并进行检查和交流,对检查中发现的问题和不足,要求进行改进和完善才可进入下一个阶段的工作。每一个阶段都要求有评审严格控制[3]。检查、交流与指导工作的重点放在老师指导上,也可在师生之间、同学之间互相进行,各组汇报进展、成果以及遇到的问题,其他同学可提问和给出帮助性建议等。特别是做同样项目或类似项目的小组会针对性很强地提出实际问题或从中得出有益的启发,老师在最后提一些综合性的建议和要求。

最后,在学生完成了项目之后,除递交系统和文档外,每个同学还必须进行总结,说出个人在参与项目开发过程中的心得体会,让学生自己在总结中学习知识,在总结中提高水平。

学习效果评定是针对本课程特点,将理论和实践能力、学习态度和能力等进行综合评价,并在众多的项目组中挑选出最好的一、二个组进行评价,使同学们充分认识到自己所做的与其他组确实存在着一定的差距,找出问题所在,不断改正自己的系统,力求更加完善。

6 实施结果

管理信息系统实践教学体系已在我校管理类专业教学中全面实施,通过近几年的努力,学生的综合素质明显增强,就业情况普遍较好。企业认为,我校所采取的系统化实践培养机制适合业界的需求,培养的学生在基础技能、团队协作、资料收集、人际交流、项目规划等几个方面明显具备较强的能力。学生认为,能够很快适应新的教学体系和课程实践教学内容,通过系统化实践教学,自己的理论应用能力有很大提高,所学知识在企业实习及实际工作中能够真正找到用武之地,在就业等方面具备更强的竞争力。同时,考核方式的变革使得实践能力真正成为评价人才的标尺,体现了素质教育的理念。

参考文献

[1] 姚建荣,王衍. 管理信息系统教程[M]. 杭州:浙江科技出版社,2005.
[2] 计算机软件工程规范国家标准汇编2011[M]. 北京:中国质检出版社,中国标准出版社,2011.
[3] 薛华成. 管理信息系统[M]. 北京:清华大学出版社,2007.

面向计算思维能力培养的程序设计课程的改革和实践

张广群　汪杭军　尹建新

浙江农林大学信息工程学院,浙江临安,311300

摘　要：针对当前程序设计课程教学过程中注重语法,不注重计算思维能力的培养问题,从理论和实践两个角度探索如何在该门课程教学过程中贯穿计算思维能力的培养,分别从教学内容、教学过程、教学方法和教学评价四个方面阐述培养学生计算思维能力的教学改革过程。

关键词：计算思维；程序设计课程；教学改革

1 引　言

2006 年 3 月,美国卡内基·梅隆大学计算机科学系主任周以真(Jeannette M. Wing)教授在美国计算机权威期刊《Communications of the ACM》上给出计算思维(Computational Thinking)的定义。周教授认为:计算思维是运用计算机科学的基础概念进行问题求解、系统设计以及人类行为理解等涵盖计算机科学之广度的一系列思维活动。之后引起了国内外计算机界、社会学界及哲学界的广大学者对这一课题的广泛研究与探讨,现已成为国际计算机界广泛关注的一个重要概念,也是当前计算机教育需要重点研究的重要课题。在国外,包括美国计算机协会、美国国家计算机科学技术教师协会、美国数学研究所等组织在内的众多团体都积极地参与计算思维的讨论。在国内,中科院自动化所王飞跃教授率先将国际同行倡导的"计算思维"引入国内,中科院李国杰、陈国良、孙家广等院士以及桂林电子科技大学董荣胜教授、国防科技大学的朱亚宗教授等多位专家学者也就此开展研究。教育部高等学校计算机课程教学指导委员会对计算思维的培养非常重视,多次召开会议进行研讨[1]。特别是在 2010 年 7 月,在西安交通大学举办的首届"九校联盟(C9)计算机基础课程研讨会"(以下简称 C9 会议)上,讨论的核心问题是如何在新形势下提高计算机基础教学的质量。C9 会议讨论并形成了一系列共识,发表了《九校联盟(C9)计算机基础教学发展战略联合声明》。声明的核心要点是:必须正确认识大学计算机基础教学的重要地位,需要把培养学生的"计算思维"能力作为计算机基础教学的核心任务,并由此建设更加完备的计算机基础课程体系和教学内容,进而为全国高校的计算机基础教学改革树立标杆[2]。同时在计算机基础教学中,如何培养大学生的计算思维,使他们学会用计算思维去思考和解决问题,对计算机基础教学水平的提升、卓越人才的培养具有重要的意义[3]。

张广群　E-mail:gloria@zafu.edu.cn

2 以"计算思维"为导向的程序设计课程的建设和实践

计算思维能力的培养,主要是依靠计算机基础教学的一系列课程以及相应的实践环节来实现。其中,程序设计是一门关于计算思维方法的课程,是典型的计算思维课程。对大多数非计算机专业的学生而言,学习程序设计的目的不是成为程序员,而是学习计算机分析和解决问题的过程和思路。显然,程序设计课程的内容是计算思维能力培养的重要内容,因为它最能够体现语言级的问题求解方法。但是当前程序设计课程教学过程中,很容易陷入语言讲解的误区,尤其是许多考试内容重语法而不是编程,这和课程的教学目的是相悖的。该课程的教学应该突出体现使用编程解决特定问题的方式,即程序设计方法,而不是语言本身。因此,需要我们认真思考的问题是如何深化改革程序设计课程,探索适宜计算思维培养的教学方法,组建贯穿计算思维能力培养的知识体系。通过积极探索和尝试,计算思维能力的培养,不但有助于计算机基础学科的健康、持续发展,而且有助于国家对人才的培养。

以思维性教学为基础,我们在本校集贤学院进行了课程改革试验。本文将从教学内容、教学方法、教学过程和教学效果考核四个方面对基于计算思维培养的教学方案进行阐述。其目标包括:①在教学内容上,突出计算思维训练过程的问题求解方法的培养,通过梳理现有教学内容,按照计算思维重组教学案例;②在教学方法上,突出实践能力和思维能力的培养,通过教学方法的改革展现计算思维的魅力和基本思想方法;③在教学过程上,贯穿计算思维运用;④在教学效果考核上,突出体现学生对计算思维的理解和运用程度。

2.1 教学内容

计算思维能力的培养需要大量的案例和实践训练来支撑。因此,需要研究并建设以计算思维能力培养为核心的课程教学资源,主要包括课堂教学案例和实践教学案例等。以往我们在选择案例时,都存在着盲目性,这在教学中导致无论是上课,还是给学生布置作业、做实验,都有很大的随意性。因此,我们需要从计算思维的角度出发,重组案例,将问题求解提升到计算思维的高度。为了有意识地强化学生计算思维训练过程,将问题的求解分解成以下不同阶段的学习内容:"问题表示(如何建立模型)—问题求解(如何设计算法)—计算机实现过程、效率(如何有效地求解、编码)—现实问题的延伸"。按照计算思维重组教学案例,更能让学生体会计算思维的本质,即抽象和自动化。同时,一批经典或优秀的课堂教学案例和实验项目,可以系统地诠释整个体系以及实验单元、技能点的内涵。

我们精选了50个教师课堂教学案例分析和100个学生上机实验项目汇编。课堂教学案例分为经典案例和趣味案例。经典案例是经过我们认真凝练,使之成为"经典",是反映某一类典型问题的内在本质和规律,具有适用普遍性、内容基础性特点。趣味案例是一类贴近技术进步的项目,它强调联系生活实际、应用性、趣味性。上机实验项目按照类型分为验证型、设计型、探索型和综合设计型等多层次内容体系,按照实验难易程度分为易、中等、难3个等级。

2.2　教学过程

教学过程是指教学内容的实施过程,如何将计算思维运用到整个教学过程是取得良好学习效果的保证。首先在理论课的授课中,教师并不需要讲授所有知识点,灌输所有教学内容,而需要明确教学案例、教学案例的各个阶段及每个阶段所涉及的知识点以及计算思维。其次在具体教学的组织中,采用"案例或问题"导入,通过对案例或问题的分析带出新知识点,通过新知识的学习,得出"案例或问题"的解决方案。即让学生对所学知识产生兴趣,有一定的感性认识之后,再提升到理论高度,循序渐进地掌握知识。最后通过举一反三,触类旁通,分析类似实际问题的解决方案,达到计算思维能力的培养。同时,在整个理论教学过程中,要注重学生信息反馈,及时点评、总结,根据学生具体情况灵活调整教学策略。在强调教师如何教的同时,更注重学生如何学。教师只是指导者和引路人,注重教学的组织,强调引导学生理解课程的核心概念和典型算法,指导计算思维的运用,引导学生自主学习知识、运用计算思维思考和处理问题,鼓励学生对问题进行引申、拓展和扩充,从而发现新的结论和新的应用。

理论教学和实践教学都是课程教学的两大环节。在进行理论教学的同时,还必须加强实践环节。按部就班地让学生调试教材中的案例不应该是实验教学的真正目的。安排实验的目的不仅仅是验证程序的机器实现过程,更是突出培养学生的计算思维能力、学生的创新意识、探索精神和问题求解能力。尤其是对于探索型和设计型实验,要求学生敢于探索,从研究过程中加强计算思维的训练。每次实验时,要明确实验要求并提出问题,然后引导学生认真思考进行算法选择与优化,最后编写程序并上机调试。学生在实验过程中碰到困难或错误,教师不要轻易否定或批评学生,鼓励他们不要放弃,要指导他们分析难点或错误,从而让他们自己解决,这样才能够强化训练学生的计算思维。

在教学过程中结合计算思维的运用,不仅使学生获得知识,而且还掌握了运用知识的思维方法,即具有了分析问题、解决问题的能力,而这才是教学的目的。

2.3　教学方法

教学方法是以计算思维为核心的程序设计课程改革的重要内容,也是体现计算思维特点和魅力的重要手段。具体来说,就是需要在课堂教学与实践环节,探索面向计算思维能力培养的案例式、启发式、互动式、讨论式、多媒体教学与网络教学等多种教学方法。案例式教学结合课程的教学内容设定了具体的教学案例。启发式教学尊重学生不同的认知方式,鼓励学生从不同角度认识问题,用不同方式表达算法,用不同方法实现问题求解,提倡算法的多样化。在鼓励学生发散思维,提倡算法多样化的同时还要引导学生思考和分析已有算法的优缺点,进而进行简化和优化。互动式、讨论式教学为学生提供了针对具体问题充分讨论和争辩的机会;组织小组探讨、交流,培养学生合作意识,加强经验交流,使大家共同进步。多媒体教学利用多媒体课件的动画效果重点阐述算法的核心思想,有利于理解算法的实现过程。例如可以利用动画模拟选择排序的单步执行过程,显示每一步的执行结果,提高了教学的效果和效率。网络教学则充分利用网络课堂提供学习课件和相关资料供学生在线或下载学习,并利用问题答疑平台为学生答疑解惑。

2.4 教学效果考核

以一份试卷来评定学生对知识的掌握情况的传统教学考核方式,已经无法适应基于计算思维能力培养的程序设计课程的考核,因为它无法体现学生对计算思维的理解和运用程度。为了使课程考核结果能够全面、准确地反映学生对知识、计算思维的掌握和运用情况,可以采用过程性评价,即将考核渗透到日常的教学环节中,在传统的期末闭卷笔试考核之外,增加平时考核、实验考核和综合考核。其中平时成绩占 10%,期末闭卷成绩占 50%,实验成绩占 20%,综合设计成绩占 20%。平时成绩根据学生的出勤情况和回答问题给出。实验成绩根据每次的实验成绩情况给出。综合设计根据学生开发的应用程序给出。综合设计分两种情况,对学习 C 程序设计的理工类学生,要求完成一个应用性、综合性强的大作业,将数组、结构、链表、文件等有机地结合起来;对学习 VB 的综合类学生,要求学生结合经典算法、图形技术、生活趣味问题或专业问题设计应用程序[3]。

采用过程性评价考核方式,不但可以客观评价学生对知识点及计算思维的理解和运用情况,而且可以促使学生真正重视平时的学习,从而使教学与评价融为一体,做到在学习中评价,在评价中学习,促进教与学的协同发展。同时采用这种考核评估方式意在克服靠一两次考试的分数决定学习效果的片面性,实现全面综合考核评估学生的学习表现和效果。

3 结 语

对计算思维能力的培养已经成为当前计算机基础教育的一个重要目标。针对这一目标,对程序设计课程的教学进行改革和实践,依托精心设计的教学内容、教学过程、教学方法和科学的考核方式,其目的就是将程序设计中所体现和涉及的计算思维,通过日常教学潜移默化地植于学生的日常思维过程中,使其在实际应用中自觉地使用计算思维自主解决问题。计算机基础教学中,计算思维能力的培养,作为 21 世纪人类的必备技能,势在必行,但是这是一个较为长期的过程,需要我们不断地探索与实践。

参考文献

[1] 陈国良,董荣胜.计算思维与大学计算机基础教育[J].中国大学教学,2011(1):7−11.

[2] 何钦铭,陆汉权,冯博琴.计算机基础教学的核心任务是计算思维能力的培养——《九校联盟(C9)计算机基础教学发展战略联合声明》解读[J].中国大学教学,2010(9):5−9.

[3] 龚沛曾,杨志强.大学计算机基础教学中的计算思维培养[J].中国大学教学,2012(5):51−54.

教学方法与教学环境建设

软件开发类毕业论文内容的基本要求

安立新　　徐展翼

中国计量学院信息工程学院,浙江杭州，310018

摘　要：毕业设计是一个十分重要的教学环节,是培养学生动手能力和独立承担工程任务的重要手段,也是学生将理论知识与实践相结合的重要过程。目前,软件开发类题目作为毕业设计存在着文档内容不规范的缺点。本文按照软件生命周期顺序,从软件模型的角度出发,提出了软件开发类论文内容撰写的基本要求。

关键词：软件工程;毕业设计;软件文档;软件模型

1　引　言

软件工程是应用计算机科学理论和技术以及工程管理原则和方法,按照预算和进度,实现满足用户要求的软件产品的定义、开发、发布和维护的工程或以之为研究对象的学科[1]。严格地遵守软件工程方法论可以大大提高软件开发的成功率,能够显著地减少软件开发和维护中的问题。本课程的任务即是让本科高年级学生了解时下流行的大型软件开发的技术方法和工具、基本原理和概念,为今后深入研究这门学科及从事软件开发奠定良好的基础。

毕业设计是一个十分重要的教学环节,是教学计划中综合性最强的实践教学环节,是培养学生动手能力和独立承担工程任务的重要手段,也是学生将理论知识与实践相结合的重要过程。在计算机专业毕业设计选题范围中,软件开发类题目作为毕业设计普遍存在着文档内容不规范的缺点。为避免这种缺点,本文提出了相应的基本要求。

2　软件开发类毕业论文存在的问题

论文选题应符合专业培养目标和教学基本要求,力求有利于巩固、深化学生所学的知识,有利于本科计算机专业毕业设计。选题范围一般包括管理信息系统、嵌入式应用、计算机网络与应用、算法与数据结构和模式识别的应用等方面。

管理信息系统和大型网站开发等作为软件开发类题目,在教学实践中,主要存在论文内容不规范的问题。具体表现是:缺少需求分析阶段和设计阶段的内容;毕业论文或者侧重实现工具,用大量的某种编程语言或某种数据库的介绍拼凑字数;或者侧重实现结果,充斥着大量的程序代码和运行界面等等。本文从文档规范化的角度给出软件工程类题目在毕业设计中的解决途径,更好地完成毕业设计这一教学环节。

安立新　E-mail:anlixin@cjlu.edu.cn

3 软件文档与毕业设计文档

3.1 软件生存周期过程对软件文档的要求

作为软件的一部分,软件文档伴随着整个软件生存周期的每一个过程。根据 1995 年发布的国际标准"ISO/IEC12207 信息技术——软件生存周期过程"的定义,将软件生存周期定义为三大类共 17 个过程[2]。将软件生存周期的各个阶段及相应的文档要求进行归纳,如表 1 所示。

表 1 软件生存周期过程对软件文档的要求

类型	具体过程	文档要求
基本生存周期过程	1. 获取过程	项目计划书、需求规格说明、可行性报告
	2. 供应过程	项目开发计划
	3. 开发过程	概要设计说明书、详细设计说明书、测试报告、源程序
	4. 操作过程	用户手册、操作与安装手册
	5. 维护过程	维护方案、代码
支持性的生存周期过程	6. 文档开发过程	文档管理制度
	7. 配置管理过程	版本控制制度
	8. 质量保证过程	质量保证计划
	9. 验证过程	验证报告、验证会议纪要
	10. 确认过程	确认报告、确认会议纪要
	11. 联合评审过程	评审报告
	12. 审计过程	审计报告
	13. 问题解决过程	问题会诊会议纪要
组织生存周期过程	14. 管理过程	项目评审制度
	15. 基础过程	项目保证措施
	16. 改进过程	组织实施计划
	17. 培训过程	培训计划

组织的生存周期过程的文档主要为支持性的生存周期过程提供指引,而支持性的生存周期过程的文档则指导整个基本的软件开发过程。这些文档的不断迭代与更新构成了整个软件生存周期过程的文档活动。

3.2 毕业论文内容基本要求的出发点

毕业论文文档规范化,不仅仅是文档格式的规范化,即需要教务部门给出权威、一致的毕业论文撰写规范;对于软件开发类题目,还要综合考虑毕业论文文档内容的规范化。由于时间和人力资源的限制,毕业设计(论文)只能按基本生存周期过程文档要求。考虑到毕业设计文档资料中除毕业论文外,还有开题报告、文献综述等资料,所以毕业论文中应包含需求规格说明、概要设计说明书、详细设计说明书、测试报告、源程序等相对应的部分。

软件开发从技术角度来看,要不断提炼所要解决问题的概念,建立相应的模型,并寻找处理方法,从而解决这些问题的概念模型和处理问题逻辑间的映射问题[1]。软件模型是软件开发的出发点。本文从软件开发的模型出发,结合基本生存周期过程对文档的要求,分别给出采用结构化和面向对象开发方法毕业论文内容的基本要求。

3.3　结构化方法论文内容基本要求

传统软件的开发基于封闭的静态平台,是自顶向下、逐步分解的过程。因此传统软件的开发,基本都是首先确定系统的范围,然后实施分而治之的策略,整个开发过程处于有序控制之下[1]。图 1 给出了结构化开发方法中结构化分析与结构化设计的关系。其中,图的左侧是结构化分析模型,右侧是结构化设计模型[3]。

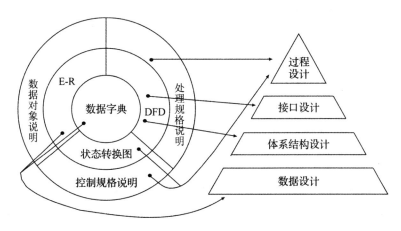

图 1　结构化设计与结构化分析的关系

结构化分析实质上是一种创建模型的活动。结构化分析模型包括:①数据字典,它描述软件使用或产生的所有数据对象;②E-R图,描述数据对象之间的关系;③数据流图,描绘变换数据流的功能和子功能;④状态转换图,作为外部事件结果的系统行为。结构化设计的模型包括数据设计、体系结构设计、接口设计和过程设计。表 2 给出了结构化开发方法对毕业论文的基本要求。

表 2　结构化开发过程对毕业论文的基本要求

序号	生命周期阶段	文档要求
1	结构化分析	E-R 图、数据流图、状态转换图和数据字典
2	结构化设计	数据设计、体系结构设计、接口设计和过程设计
3	结构化编程	源程序
4	结构化测试	测试报告

3.4　面向对象方法论文内容的基本要求

近 20 年来,面向对象程序设计语言的诞生并逐步流行,为人们提供了一种以对象为基本计算单元,以消息传递为基本交互手段来表达的软件模型。面向对象方法的实质是以拟人化的观点来看待客观世界,即客观世界是由一系列对象构成,这些对象之间的交互形成了客观世界中各式各样的系统。面向对象方法中的概念和处理逻辑更接近人们解决计算问题的思维模式,使开发的软件具有更好的构造性和演化性[1]。

面向对象分析与面向对象设计模型的划分存在着两种观点:一种观点以 Rumbaugh 的OMT 为代表,认为分析阶段考虑"做什么",而在设计阶段实现"怎么做";另一种观点以Coad-Yourdon 的 OOA/OOD 为代表,认为分析阶段只考虑问题域与系统责任,设计阶段考虑与实现有关的因素。目前,普遍采用第二种观点[4]。

图 2 给出了面向对象开发方法中典型的面向对象设计模型,其中图的右侧是面向对象分析模型的 5 个层次[3]。依据此模型,结合软件生存周期对文档的基本要求,表 3 给出了面向对象开发方法对毕业论文内容的基本要求。

图 2　典型的面向对象设计模型

表 3　面向对象开发过程对毕业论文的基本要求

序号	生命周期阶段	文档要求
1	面向对象分析	类图
2	面向对象设计	问题域部分、人机交互部分、任务管理部分和数据管理部分
3	面向对象编程	源程序
4	面向对象测试	测试报告

4　结　论

本文从软件开发的模型出发,结合软件生存周期对文档的基本要求,分别给出采用结构化和面向对象开发方法毕业论文内容的基本要求,力图避免在计算机专业毕业论文中内容的不规范。考虑到毕业设计的实际情况,毕业论文的撰写内容(表 2 或表 3)应少而精(与表 1 相比)。

参考文献

[1] 杨芙清. 软件工程技术发展思索[J]. 软件学报,2005,16(1):1—7.

[2] 陈启愉,隆承志,张凌,等. 基于软件生存周期的软件文档管理策略[J]. 现代计算机,2004,189(6):51—54.

[3] 张海藩. 软件工程(第二版)[M]. 北京:人民邮电出版社,2006.

[4] 邵维忠,杨芙清. 面向对象的系统分析(第二版)[M]. 北京:清华大学出版社,2006.

"数据结构"实践性考核方法探讨

陈志杨　　雷艳静

浙江工业大学计算机学院,浙江杭州,310012

摘　要:"数据结构"课程是计算机专业学生重要的专业基础课。结合多年"数据结构"课程教学体会,分析在加强学生实践性培养方面的方法和措施,提出通过对考核方式的适当调整,促进教师和学生对编程这个实践环节的重视。教学实践证明这种改革是有效的。

关键词:数据结构;计算机专业人才培养;课程考核;教学方法改革

1　引　言

"数据结构"是计算机专业重要的专业基础课程。按照计算机专业大类培养计划的要求,我院计算机科学与技术、软件工程、数字媒体、物联网工程等专业的学生都必须实行64学时的课程学习,以及16学时的大型实验上机实践学习。

"数据结构"课程之所以得到如此重视,其原因在于该课程的内容是计算机专业学生日后从事软件开发必定要用到的。软件开发的核心是架构设计,架构设计的核心是数据结构的设计。数据结构的好与坏,决定了一款软件的成功与否。因此,可以说数据结构对于每一个程序员都是必须要深入理解、掌握的内容。"数据结构"方面的书籍也非常多,国内、国外,纸质、电子版,都有浩瀚的数据结构方面的资料。作为计算机专业的学生,必定要在"数据结构"方面有更深入、更专业的学习,才能胜任毕业以后的软件开发工作。

正因为如此,"数据结构"的课程教学历来都受到教师和学生的重视。从投入精力、课时设置、硬件资源保障等方面,可以说都是以最好的状态完成各个教学环节。笔者从事"数据结构"课程教学多年,虽然在教学过程中也尽心竭力,但是事后发现教学效果并不都是让人满意的。之所以有这样的体会,是因为本人还教授一门计算机专业学生高年级选修课——"计算机图形学"。"计算机图形学"是一门动手、动脑,实践性很强的课程。可是在"计算机图形学"的授课过程中,发现很多学生对数据结构方面的知识只是停留在书本上,完全不懂如何结合实际问题运用所学的知识。这种现象促使我反思在"数据结构"教学中哪些环节出现了问题?为什么出现学生只会考试不会应用的情况?

经过长时间的思考以及和其他任课老师的沟通、讨论,我们一致认为应该加强对学生实践环节的要求,考核方式上从卷面答题为主向上机实践解题为主转变,从而达到提高学生实践能力,培养合格人才的目的。下面就课程的理论学习与实践训练结合以及考核方式的改革两方面展开探讨[1,2]。

陈志杨　E-mail:czy@zjut.edu.cn

2　理论学习与实践训练的结合

按照计算机专业本科学生培养计划,"数据结构"课程的教学课时为 64 学时。单纯从学时数上来看,学时的安排并不少。但是仔细分析后发现,"数据结构"课程的教学内容非常丰富,从数组、链表、各种基础算法到树、图等的应用,知识点涵盖非常广。在这 64 学时中,我们还要安排课间上机环节,一般在 12～16 学时,目的是保证学生在课堂学习过程中有充分的上机实践锻炼,以起到巩固所学的目的。初看本课程的实践环节安排较多,但是在实际教学过程中,上机实践环节的效果却不够理想。

首先,理论学习繁重。数据结构的内容涵盖广泛,无论国内、国外的教材,内中涉及的内容都非常丰富。要想在有限的学时中讲授完这些内容,就要求老师和学生花费大量时间、精力完成计划内学习。在大量的理论学习之余,只能有部分时间、部分内容进行上机实践。考虑到学生对前导课程,特别是 C/C++课程学习的程度差异,在上机实践环节中学生经常出现无从下手的现象。种种原因,造成学生只对数据结构的理论部分有所掌握,实践部分一无所知的现象。

其次,实践来源于实际。要想把数据结构的知识运用到实践中,教师必须有一定的实践基础。现在不少老师是从校门到校门,接触实际开发项目的经验不够丰富。在积累不足的情况下,自然无法传授给学生足够的实践知识,并给予学生指导。

最后,考核方式的制约。考试是检验学习效果的有效手段。一直以来,"数据结构"课程都是以闭卷考试为主。其中的原因很简单:大量的理论学习内容方方面面都要照顾到,保证要检验到各个知识点是否掌握,出一张覆盖面完全的试卷是最直接易行的方式。在以往的"数据结构"试卷中我们可以看到,卷面题目涉及了几乎所有的知识点,只是每个知识点分数多少有所区别。对于学生来讲,自然是整本书的内容都要看过、复习过才能保证取得好成绩。在这种情况下,如何应用这些知识就成为次要的,记住这些知识才是拿高分的关键。在这种情况下,学生自然无心做什么上机实践性训练,只要学好书本的内容即可。这种思想(做法)背离了我们素质教育和能力培养的初衷,培养出只会考试,只能背出理论知识点的学生,这是我们不愿看到的。

综合以上几点我们可以看到,因为"数据结构"课程内容丰富,知识点面广、量多,因此学生在学习过程中不自觉地就会变成以书本内容为主的死记硬背。加之前期编程训练本来就不够,在有限的上机实践中如果不能完成任务,业余时间基本就不可能主动进行这方面的训练了。那么如何才能解开这个难题?经过长时间思考和探讨,我们认为症结的核心还是在考核标准和方法上。学生是以考核为目标完成学习的,这点非常明确。如果能够在考核内容和方法上加以改革,在保证理论知识掌握的基础上,加强对实践环节的考核,就可以有效引导学生对实践环节的重视,教师也自然而然给学生加强这方面的训练,进而培养学生的动手编程兴趣,将理论学习的数据结构知识运用到解决实际问题中,培养出合格的人才[3]。

3 以实践考核为核心的改革

"以实践考核为核心"是我们提出的改革"数据结构"课程考核的核心思想。在这里,我们要转变以理论知识为主、闭卷考核、面面俱到的考核思想,放开思路,灵活方式,推动教学效果的提高。

要实现这种变革,首先是教师授课内容、方式的改革。作为教师,一方面要求学生提高自学能力,另一方面要结合自身实际经验,把"如何使用数据结构解决实际问题"这个思想方法传授给学生。

对于第一方面,我们知道自学能力的培养是大学生能力培养的关键。在这点上,适当的压力是促使学生自觉学习的必要条件。有了自学的保障,教师就可以在课堂教学上抽出宝贵的时间,对学生运用理论知识解决实际问题的能力方面加以指导。在这个过程中,对教师的要求是比较高的。教师除了具有较强的责任心,检查学生自学效果外,必须有足够的实际经验的积累,才能在给学生讲授的过程中吸引学生。

对于第二方面,我们相信绝大多数学生是喜欢学习的,更喜欢学习能够让他们解决实际问题的内容。本人在教学实践中,经常从具体问题出发,剥丝抽茧般从实际问题的表象,逐渐分析出解决问题的本质,进而得出解决问题的方法和应该采用的数据结构,让学生看到原来实际问题是要通过这样的方式才能抽象到我们学过的理论。比如在学习查找、排序内容时,冒泡排序是学生最熟悉的。"数据结构"课本上列出的若干排序方法,具体算法描述都很明确,但是并没有说明什么情况下用哪种算法最好。本人在教学实践中通过数据点去重这样一个实际例子,让学生知道排序算法在实际问题中应该怎样去结合实际情况使用,教学收效非常好[4]。

大多数学生都是"考试驱动"型的。因此要让学生在实践方面有所加强,必须要改变考核方式。单纯的上机考试,因为涉及内容所限,不能完全考核到所有知识点。因此,我们考虑作为教学核心的考核方式的改革,采用上机测试加一页答题的方式。具体来讲,将部分知识点设计成选择题、判断题方式,用一页纸完成这方面的考核。对于重要知识点,直接采用机考方式,让学生在一定时间内完成一个完整的数据结构设计,并给出程序运行结果。机考可以大大提高学生动手能力和运用知识解决实际问题的能力。机考和一页试卷分别占 60 分和 40 分。在这种考核方式下,学生自然会对实践环节重视,动手编程多了,也就逐渐培养起对编程的兴趣。

任何变革都不是一帆风顺的。在我们初步革新考核方式后,势必有部分擅长卷面考试的学生成绩不理想。但是最终的结果证明,经过这样的训练后,学生在后续的学习过程中无论在动手能力还是自学能力方面都有很大提高。

4 结 论

"数据结构"课程是重要的计算机专业基础课。针对计算机专业学生在"数据结构"学习中理论学习强于动手实践的现象,我们从考核方式改革入手,以考核方式变革促进学生学习方式和学习效果的提升。在这个变革中,首先对授课教师在能力、责任、经验方面有一定要求；其次要求学生通过自学掌握部分知识，从而腾出时间在实践环节上下功夫。实践证明，这种考核改革方式对提高"数据结构"课程综合教学效果有明显作用。

参考文献

［1］王淮亭."数据结构"实践教学探讨与实践研究［J］.计算机教育，2009(12):133－134.

［2］孙爱东，杨秋妹，肖媚燕. 多层次的"数据结构"实践教学模式探讨［J］. 计算机教育，2009(12):166－167.

［3］许高厚.课堂教学艺术［M］.北京:北京师范大学出版社,1997.

［4］严蔚敏，吴伟民. 数据结构(C语言版)［M］. 北京:清华大学出版社，1997.

高职计算机基础公共课教学内容的"同"与"不同"

韩红光

浙江农业商贸职业学院,浙江绍兴,312000

摘　要：高职计算机基础公共课随着时代的发展而变革,教学手段与教学方法经历了比较大的变革,特别是教学内容在不同专业中也应做到明显不同。本文主要就计算机基础公共课教学内容在不同专业中的"同"与"不同"进行阐述。

关键词：高职;计算机基础;教学内容;改革

1　引　言

随着现代科技的高速发展,国家对高技能人才的要求逐步提高,高职教育中计算机公共基础课面临新的挑战与机遇。高职公共基础课的教学内容主要包括 Windows 7 系统操作、Word 文字处理、Excel 电子表格处理、PowerPoint 电子演示文稿等内容。目前在我院的公共基础课教学中,普遍存在着教学内容所有专业一视同仁,内容大同小异的情况。但实际上高职教育不同的专业岗位要求是不同的,多样化的。这就对高职计算机公共基础课提出了更高的要求,那就是应该按照专业特色确立不同的教学侧重点。

2　计算机公共基础课教学内容的"同"

计算机公共基础课经过了多年的发展,从原来的理论与实践课时安排 1∶1,到现在基本以实训为主,教学过程也相对来说比较稳定:案例讲解、学生练习、疑难讲解、课后强化。教学方法:利用项目教学、任务驱动的方法进行课程讲授。所以做好计算机基础教学第一个关键是"教什么"? 也就是有什么样的项目,给学生什么样的任务? 这个项目或者任务是不是可以吸引学生? 学习了是不是有用? 这就要求我们在课堂操作的必须是一些非常实用且与学生息息相关的内容。

2.1　Word 文字处理教学内容选择

Word 文字处理,在教学大纲中的描述:

(1)字体格式化、段落格式化、页面格式化;

(2)文本编辑操作:分节、分栏、项目符号与编号、页眉和页脚、边框和底纹、页码的插入、时间与日期的插入;

(3)表格操作:表格的创建和修饰、表格的编辑、数据的排序;

韩红光　E-mail:5366562@qq.com

(4)图文混排:图片、文本框、艺术字、图形等的插入与删除、环绕方式和层次、组合等设置,水印设置、超链接设置。

对此,我们根据教学大纲的要求,定义了两大项目:个人简历制作、论文格式排版。个人简历制作包含了字体格式化、段落格式化、页面格式化、图文混排、表格操作的知识点;论文格式排版主要包含了文本编辑操作的知识点。这两个项目不仅学起来做起来有内容,还与学生的需要紧密关联,使学生学有所用。

2.2 Excel 电子表格处理软件教学内容选择

Excel 电子表格处理软件,在教学大纲中的描述:
(1)工作簿、工作表基本操作:新建工作簿、工作表和工作表的复制、删除、重命名;
(2)单元格的基本操作,常用函数和公式使用;
(3)窗口操作:排列窗口、拆分窗口、冻结窗口等;
(4)图表操作:利用有效数据,建立图表、编辑图表等;
(5)数据的格式化,设置数据的有效性;
(6)数据排序、筛选、分类汇总、分级显示。

对此,我们根据教学大纲的要求,定义了两大项目:家庭收支明细簿、学生奖学金量化考核。其中家庭收支明细簿包含了单元格的基本操作、常用函数与公式的应用、图标的操作;学生奖学金量化考核包含了数据的格式化和数据排序、筛选、分类汇总等方面的知识。这个 Excel 的内容在选择上还是考虑与学生的兴趣相关。

2.3 PowerPoint 电子演示文稿教学内容选择

PowerPoint 电子演示文稿,在教学大纲中的描述:
(1)演示文稿创建和保存,演示文稿文字或幻灯片的插入、修改、删除、选定、移动、复制、查找、替换、隐藏,幻灯片次序更改、项目的升降级;
(2)文本、段落的格式化,主题的使用,幻灯片母版的修改,幻灯片版式、项目符号的设置,编号的设置,背景的设置,配色的设置;
(3)图文处理:在幻灯片中使用文本框、图形、图表、表格、图片、艺术字、SmartArt 图形等,添加特殊效果,当前演示文稿中超链接的创建与编辑;
(4)建立自定义放映,设置排练计时,设置放映方式。

对此,我们根据教学大纲的要求,定义了两大项目:学生会某干部竞选、某产品介绍。使用这两个比较贴近学生生活的主题,同时融合需要教学的知识,提升学生的学习兴趣,也能学有所用。

3 计算机公共基础课教学内容的"不同"

我院高职专业主要分为财经类、艺术设计类、旅游类,公共基础课根据我院的实际情况,突出专业性,打造基础课特色。下面就选择两个专业进行探讨,达到举一反三的效果。

图 1 和图 2 分别是电子商务专业、会展策划专业的课程设置情况。

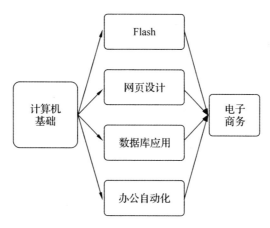

图 1　电子商务专业部分课程

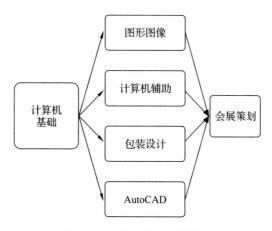

图 2　会展策划专业部分课程

从课程相互关联看,计算机应用基础课程承担着为后续课程提供基础知识支持的作用。后续课程不同,提供的基础知识支持也应有区别,因此,针对不同专业的学生,设计的项目案例也不同。例如,电子商务可以强调商务性质,就可以加入以下内容:电子商务信函、营销策划书、产品销售表、电子商务网站等;会展策划专业又有自己的特色,就可以加入以下内容:会展策划书、会展预算表、广告设计方案所用材料清单、用量、价格的对比分析与统计等。

对于不同的专业,在教学内容的选择的侧重性方面非常重要,这样既可以提升学生的学习兴趣,也可以使基础课更好地为专业服务。

4　结束语

高职计算机基础如何适应在新时期下更好地发挥教师的主导作用和提高学生的学习兴趣,在与专业课程的衔接中更好地为专业服务,计算机基础公共课可以在教学内容设置与日常的案例选择中有所突破,这样既提高了学生学习计算机基础课的积极性,又促进了专业课程的学习。

参考文献

[1] 张晓玲.突出专业性 打造高职计算机公共基础课的特色[J].辽宁高职学报,2011,13(15).

[2] 刘婧莉.浅谈高职院校计算机基础课程改革[J].科技信息,2012(16).

[3] 唐倩.高职院校计算机应用基础课程教学模式的改革探索[J].教育教学研究,2011(6).

[4] 李志球,周跃进.高职非计算机专业计算机基础课教学改革探索[J].徐州建筑职业技术学院学报,2008.

[5] 刘艳红,邹华冰.高职计算机基础教学的"三级优化"策略[J].职业教育研究,2009(9).

以学科竞赛为驱动的大学生实践能力培养模式

韩建民 赵建民 陈中育 叶荣华 郑忠龙

浙江师范大学数理与信息工程学院,浙江金华,321004

摘　要：针对目前高校普遍存在的计算机专业大学生实践能力弱、就业困难等问题,本文提出了以学科竞赛为驱动的大学生实践能力培养模式。论文阐述了该培养模式的总体框架及实施措施。事实表明,该培养模式的实施,有利于学生实践能力的提高、个性化的发展。

关键词：学科竞赛；实践教学；培养模式；因材施教

1 引　言

我国计算机专业开始创立于 1956 年,现在 598 所高校已有 847 个专业点,在校生人数达到 40 余万,在规模上已实现了从精英教育向大众教育的转变。精英教育注重厚基础和普适性,大众化教育更强调特色和适应性,强调学校和专业具备更准确的有特色的培养定位。然而,目前很多高校计算机专业的课程体系、培养模式依旧基于传统的精英教育模式,脱离了社会的需求。2011 年的社会调查表明计算机科学与技术专业已成为本科毕业半年后失业率最高的专业之一[1],造成这个现象的主要原因是培养的人才实践创新能力薄弱、知识结构单一、缺乏多样性。据调查,工作满三年的本科生认为母校专业教学中实习和实践环节不够的多达 72%[1]。面对越来越大的就业压力,如何改进现有的培养模式,提高实践环节的比重,加强高校人才培养与社会需要对接,已成为社会对高校人才培养上最主要的要求之一。

加强学生实践能力的培养,在计算机教育领域已不是一个新课题,已经出现了很多好的实践教学模式,比如:基于实训创业平台的"实岗实务"教学模式[2];以工作过程为标准构建"学员、学徒制"的教学模式[3];"做中学、学中做"的教学模式[4];"技能模块化"教学模式[5];"亦厂亦校"的教学模式[6];"工学结合"的教学模式[7]等。但在计算机专业创新性实践教学方面还存在一定的问题[8]。同时,我国自古以来便是教育大国,强调因材施教,而现在的实践教学模式没有突出个性化培养的重要性。

目前的教研工作在学生的因材施教及个性化培养方面的研究不多,我校依据学生实际情况,以及社会对计算机专业人才的需求,开展了以学科竞赛为驱动的计算机专业大学生实践能力培养模式的研究和探索,取得了一定的成效。本文总结了我校在实践能力培养模式方面的认识和经验。

韩建民　E-mail：hanjm@zjnu.cn

2 普遍存在的问题

2.1 培养模式单一，实践环节不足

多数高校还是采用被动式教学模式，重视课堂理论教学，实践环节严重不足，设计性、综合性实验偏少。实践教学环节，教师干预较多，学生处于被动完成实验任务的角色，缺乏主动性。而计算机专业课程大多属于实践型课程，实践是掌握课程内容的最有效的途径。实践教学的不足，使学生只能表面理解课程的基本概念，学习不深入，不会学以致用，更谈不上利用所学的知识创新创业。

2.2 考核模式单一，缺乏激励机制

课程考核以笔试为主，考核内容受限于教材知识点，缺乏对学生知识结构与实践技能的综合考察，不利于学生综合实践能力和创新能力的培养，最终形成"高分低能"的现象。

2.3 缺少团队协作能力的培养

当前社会需要较强的团队协作能力，团队成员之间需要合理分工和无障碍沟通。但目前的教学模式中，实验任务偏小，以项目组为单位来开展实践教学活动的机会少，学生在组织一个项目或与他人合作完成一个项目的能力方面不足。

2.4 教师工作负担重

以被动教学为主的教学模式中，教师需要关注到学生学习的每个环节，作业的布置与批改，实验设计与指导，课后答疑。面向主动性较差的学生，教师的负担是非常重的。

3 以学科竞赛为驱动的实践能力培养模式

3.1 以学科竞赛为驱动的实践能力培养总体框架

程序设计能力是计算机专业学生应具备的最重要的能力之一，是进一步学习专业理论课的基础。为打好程序设计基础，我校为计算机专业学生在大一第一学期开设了"C 程序设计语言"课程、第二学期开设了"数据结构与算法"课程、大一暑期实践周开设"程序设计综合训练"课程。ACM 竞赛训练是提高学生程序设计能力最有效的途径，因此，我们在这三门课程的实践教学过程中均采用 ACM 竞赛形式，为每门课程选取了与理论教学相对应一定数量的题目，学生可以根据题目，编写程序，提交程序，系统自动评测，返回评测结果。基于这些实训系统，实践教学由课堂延伸到课外。同时，我们组织各级竞赛，在每年下半年（第一学期期末）组织面向新生的 C 语言竞赛，在每年下半年组织面向全校的大学生程序设计竞赛。然后选出较好的学生进行集训，参加浙江省的大学生程序设计竞赛，再选出更优秀的同学，经过暑期集训，参加 ACM 国际大学生程序设计竞赛亚洲赛的比赛。在竞赛的驱动下，让学生具备较强的程序设计能力，为本专业后续课程学习和参加其他竞赛奠定了基础。

大二期间,学生则根据自己的特点和爱好,选择参加一些适合自己的单向竞赛,大三大四则可参加比较综合性的创新创业竞赛,在这些竞赛的驱动下,让学生在更好地掌握课堂内容的同时,实践能力、创新能力得到极大的提高。

科研课题是我校计算机专业大学生实践能力、团队合作能力和创新能力培养的另一种重要形式。学生科研课题与竞赛紧密相关,相互促进:学生课题的作品可以参与竞赛,竞赛的训练也提升了学生的科研水平。我校面向学生的科研课题分为4个级别:学院级、学校级、省级(新苗)、国家级。低年级的学生可以参与院级、校级课题的研究,积累一些研究的经验和成果,然后申报省级和国家级的课题。我校在学生科研课题方面投入很大,从资助的数量上能做到让每位同学在大学4年至少参加一项课题。

以竞赛为驱动大学生实践能力培养的总体框架见图1。图中总体上体现了各年级学生可参加竞赛的情况,当然部分优秀的同学可以提前参加高一层的竞赛和课题,高年级的同学可以参加低年级已参加的竞赛和学生课题。

3,4 年级	挑战杯课外科技作品竞赛		挑战杯创业竞赛		国家级课题
2,3,4 年级	数学建模竞赛	软件外包竞赛	多媒体竞赛	Antroid 作品竞赛……	省级课题
1,2,3,4 年级	大学生程序设计竞赛				院级校级课题

图 1 以学科竞赛驱动的大学生实践能力培养总体框架

3.2 以 ACM 竞赛为驱动的大学生程序设计能力的培养

程序设计能力的提高就是要靠不断的实践训练,为此,在大一的"C程序设计语言"、"数据结构与算法"、"程序设计综合训练"3门课程的实践教学,我校均采用ACM竞赛形式,在激发学生学习兴趣的同时,实现因材施教,具体的措施如下:

3.2.1 实验题目层次化,实现因材施教

大一新生程序设计能力差距很大,有些在高中期间就经过OI的训练,水平很高,有些则连程序设计的基本思想都没有建立,如果采用统一的实验内容,会出现水平高的吃不饱,水平低的跟不上的情况。为此,我们将C语言实训系统的实验分层,按难度分为4个级别:基础级、中级、中高级、高级。每个级别近100道题目,共400道题目左右。基础比较薄弱的同学重点练习基础级的题目,通过这些题目掌握课程的基本概念和基本方法。有一定程序设计基础的同学可以练习中级或中高级题目,基础非常好的同学练习高级题目,这部分同学很少,他们是校ACM集训队选拔的对象。题目分级后,学生可以根据自身情况选择不同级别的题型和题目数量,这样使不同层次学生都得到充分的训练和提高,实现了因材施教。同样数据结构与算法实训系统以及程序设计综合训练实训系统也对题目进行了分级,学生根据自己的能力完成其中的部分实验。

3.2.2 实验题目趣味化

传统的程序设计题目比较枯燥,难以激发学生的学习兴趣,学生只知道通过完成这些题目掌握课程的知识点,不知道程序设计在实际生活中有哪些作用。为此,我们参考ACM题目的特点,将题目生活化和趣味化,充分激发学生的学习主动性和积极性,将被动学习转化为主动学习,更好地达到了实践教学的目的。

3.2.3 程序评测自动化

实验课时有限,教师的资源有限,如果大量的题目完全用人工来完成评测,工作量极大,反馈时间长。为此,我们基于 ACM 竞赛自动评测技术,构建的 3 门课程的实训系统均实现了自动评测。学生登录后,可进行选题、提交、评测和讨论等自主学习环节,将有限的课内练习延续到课外。另外,学生完成题目后实时排名的发布,也激发了学生课外主动完成训练的积极性。

经过几年的努力,我校大学生程序设计能力有了普遍的提高,程序设计竞赛的成绩也明显提高。2010 年 ACM ICPC 亚洲赛上,我校首次拿到金牌,并拿到参加世界总决赛的名额,2011 年我校选手参加了在美国奥兰多举办的 ACM ICPC 世界总决赛。在浙江省大学生程序设计竞赛上,2011 年我校荣获 2 项一等奖,2012 年荣获 3 项一等奖,2013 年荣获 2 项一等奖。

3.3 多种学科竞赛驱动的个性化人才培养

面向计算机专业大学生的学科竞赛有很多,大二学生具备一定程序设计能力,对自己的优势和兴趣也有所了解,学生开始根据自己的特色选择适合自己的竞赛。对算法感兴趣的同学可以进入校 ACM 集训队学习训练;对数学感兴趣的同学可以进入校数学建模协会参与数学建模竞赛;对软件开发有兴趣的同学可以参加软件外包竞赛、软件设计竞赛、电子商务竞赛等;对多媒体有兴趣的同学可以参加多媒体竞赛;对智能移动终端感兴趣的同学可以参加 Antroid 竞赛,等等。

在这些竞赛的驱动下,学生在一段时间内,对竞赛所涉及的知识进行深入的学习和研究,不但更深入掌握本学科学习的内容,而且能够学以致用,走入社会后也会有一技之长。多样化的竞赛,会使培养的学生的特长具有多样性,就业面宽。

3.4 以"挑战杯"竞赛为驱动的创新能力的培养

大三大四阶段,学生通过前两年的训练,具备了一定的实践能力。我校除了鼓励学生继续参加适合自己的各类竞赛外,还鼓励部分创新能力强的同学开始开发创新性产品,组织这部分学生参加"挑战杯"大学生课外学术科技作品竞赛,并以"挑战杯"大学生创业计划竞赛为驱动,进行产品市场的营销的训练。

"挑战杯"全国大学生课外学术科技作品竞赛是一项具有导向性、示范性和群众性的全国竞赛活动,被誉为中国大学生学术科技的"奥林匹克"盛会。它不仅仅是一项竞赛,更是一座连接高校科研和企业、社会的桥梁,更注重各方的交流。通过参加这项赛事,可全面提高学生的创新意识和创新能力。

"挑战杯"隔年进行两类竞赛:一类是"挑战杯"大学生课外学术科技作品竞赛,重点评价的是学生的创新意识和创新能力;另一类是"挑战杯"大学生创业计划竞赛,创业计划竞赛是一项具有前瞻性、创新性的比赛,具有很大的发展潜力,前景广阔。竞赛本身与建立创新型国家目标吻合,与各高校创新教育改革目标吻合,与大学生的实际就业需要也吻合。创业大赛迎合了大学生成才的愿望,对大学生适应未来社会发展趋势、迎接挑战、参与社会竞争有着不可替代的重要作用[9,10]。事实说明,参加过创业计划竞赛的大学生,在今后的就业过程中,比其他人具有明显的竞争力,也有更好的发展前景。

我校计算机专业近年来,一直注重"挑战杯"竞赛的组织和培育工作,积极组织团队参加校级、省级、国家级"挑战杯"竞赛。2011 年荣获"挑战杯"大学生课外学术科技作品国家级三等奖,2012 年荣获"挑战杯"大学生创业计划浙江省三等奖,2013 年荣获"挑战杯"大学生课外学术科技作品浙江省三等奖。

4 实施措施

4.1 建立激励机制

增设创新学分,搭建创新实践平台,让学生有更多的机会展示自己的专业特长。将参加学科竞赛纳入学生的综合测评,通过设立竞赛奖励制度来引导学生积极参加课外科技活动,不断提高自身的创新素质。

4.2 组建学科竞赛学生社团

以学生社团为活动主体,在全校范围内吸纳对竞赛感兴趣的学生,通过举办专业讲座、学生科研、协会内部竞赛、协会沙龙等活动,为本专业学生提供一个进一步增强职业技能的交流和学习平台,同时也要在兴趣小组中发现适合各类竞赛的后备人才,面向各年级构建竞赛梯队。

4.3 组织竞赛、集训和参赛

积极组织学生参加各个级别的竞赛,特别是对学生的实践能力培养有重要作用的学科竞赛。在学校竞赛委员会的组织下,我校每年举办院级竞赛、校级竞赛,并积极组织优秀的学生参加省级竞赛和国家级竞赛,让更多的同学参与到竞赛中来,体验竞赛带来的快乐,同时实践和创新能力都得到提高。

4.4 开发资源网站

为各类竞赛建立资源网站,让学生了解竞赛的同时,可以利用网站学习、训练、提高。比如我们建立了 C 语言实训网站、数据结构与算法实训网站、程序设计综合训练实训网站等等。

5 结 语

通过某种激励措施,让每位同学在大学期间都找到并参与适合自己的竞赛,通过竞赛,使学生更好地掌握本专业的知识,提高实践能力,也使我校培养的学生多样化,就业面宽。

参考文献

[1] http://finance.qq.com/zt2013/tpbg/shiye.htm? pgv_ref＝aio2012&ptlang＝2052.

[2] 陆亚文. 基于实训创业平台的"实岗实务"实践教学模式的研究[J]. 电子商务,2011(6)：84－87.

［3］甘宇红．以工作过程为导向构建"学员制＋学徒制"人才培养模式［J］．沿海企业与科技，2008(11)：183－185.

［4］朱星彬．"做中学、学中做、边做边学"人才培养模式之实践［J］．宁波职业技术，2008(12)：31－33.

［5］董海英，李雁．基于技能模块化的高职实践教学模式研究［J］．漯河职业技术学院学报，2008(4)：11－12.

［6］陈国方．创新高职人才培养体系的探索与实践［J］．中国高教研究，2008(3)：67－68.

［7］刘松林．高职人才培养模式研究——基于第一批国家示范性高职院校建设方案的分析［J］．教育发展研究，2009(1)：72－77.

［8］顾学雍．联结理论与实践的 CDIO：清华大学创新性工程教育的探索［J］．高等工程教育研究，2009(1)：11－23.

［9］丁三青．中国需要真正的创业教育——基于"挑战杯"全国大学生创业计划竞赛的分析［J］．高等教育研究，2007(3)：87－94.

应用愉快教育的离散数学教学实践

胡亚红

浙江工业大学计算机科学与技术学院,浙江杭州,310023

摘　要：离散数学是计算机等专业的重要专业基础课,但其内容较为抽象,不少学生缺乏学习兴趣,因而不能很好地掌握课程的精髓。愉快教育理论提出教育要使人愉快,要让一切教育带有乐趣。笔者结合离散数学课程的特点,将愉快教育的思想引入到教学中,具体方法包括:结合情景引入课程内容;在教学中引入人文教育;利用故事和类比帮助学生理解和记忆;结合计算机科学的发展前沿介绍知识点;尽可能多地展示离散数学的应用和在教学中增加学生的实践环节。实践证明通过引入愉快教育,学生们能够在较为轻松愉快的情况下掌握知识。

关键词：离散数学;愉快教育;学习兴趣

1　引　言

介绍命题概念时,我举了个例子"离散数学是一门有趣的课程",请学生们判断这个命题的真值。没想到学生们异口同声地说:是假命题。这个结果让我颇感意外,进而引起我深刻的反思。离散数学是计算机及相关专业非常重要的专业基础课,它不但能够培养学生的抽象思维能力,还是后续专业课程(如数据结构、数据库理论、计算机网络等等)重要的理论基础。但其内容抽象,比较理论化,因而很多学生反映离散数学不好学,没有学习的兴趣。爱因斯坦说:兴趣是最好的老师。如果学生对于离散数学不感兴趣,势必难以掌握它的精髓。

孔子曰:知之者不如好知者,好之者不如乐知者。这种观点其实就是提倡要进行"愉快教育"。现代教育学家斯宾塞的"愉快教育"理论提出教育要使人愉快,要让一切教育带有乐趣[1]。因此,只有在教学中施行愉快教育,才能让学生们在轻松愉悦的氛围中学习,变苦学为乐学,真正培养学生各方面的能力[2]。为了能够让学生们快乐地学习离散数学,有效提高他们的学习兴趣,我将愉快教育的思想引入到离散数学的教学实践中。

2　结合愉快教育的离散数学教学实践

在具体的教学实践中,我着重从以下六个方面入手,帮助学生在愉快中学习。

2.1　结合情景,引入课程内容

在一定的情境中引入教学内容可以很好地激发学生们的好奇心,提高他们学习的主动

胡亚红　E-mail:huyahong@zjut.edu.cn

性。例如命题逻辑部分,在介绍命题概念之前,我先给出一个侦探案例[3]请学生们破案:"公安人员侦查一件盗窃案,已知的事实如下:①甲或乙盗窃了录音机;②若甲盗窃了录音机,则作案时间不能发生在午夜前;③若乙的证词正确,则午夜时屋里灯光未灭;④若乙的证词不正确,则作案时间发生在午夜前;⑤午夜时屋里灯光灭了。"问题给出后,学生们积极思考,很快就给出了正确的答案。随后,我引导他们讲出思考的过程。有了这个铺垫,我问大家:计算机应该怎么像人一样解决这个问题呢?学生们一个个都充满了好奇。这时引入命题和命题符号化的概念就非常容易被学生接受了。在介绍到推理理论这部分内容时,学生们就会积极地利用已学规则解决这个问题了。不少学生反映这样带着问题学习,最后亲手解决问题非常有趣,有助于对知识点的掌握。

2.2 引入人文教育

在讲解课程内容之前,我通常先介绍与内容相关的数学家或数学史。这样不但能提高学生的学习兴趣,也能增加他们的人文修养,培养他们百折不屈的优良品质。比如在讲授集合论之前,我先介绍了集合论的创立人康托辉煌而又坎坷的一生,着重讲述了他的伟大成就。同学们饶有兴趣地了解了康托创立的朴素集合论中存在的悖论,以及为解决这个问题而提出的公理化集合论。因为集合论的提出引发了第三次数学危机,我又简要介绍了数学史上三次危机的产生原因及其解决。学生们对这些内容非常感兴趣,从而急迫地希望了解集合论中那些神奇的内容。

再如讲解布尔代数之前,我会仔细介绍英国数学家布尔。布尔自幼家境贫寒,主要靠自学成才。长大后一边工作,一边深造。布尔不但是伟大的数学家,也是一位品德高尚的教师。因为冒着大雨去上课而导致肺炎,不幸逝世。通过这样的讲述,学生们会更加珍惜自己良好的学习环境,敬重布尔的为人,从而更加主动地去接受新的知识。

2.3 结合计算机科学的发展前沿,介绍知识点

现在的学生反应快、知识面广,他们不满足于仅仅学习课本上的知识。对于计算机这样发展极快的学科,介绍基本原理和算法在计算机发展前沿领域的应用,无疑会极大增强学生们的学习兴趣,培养他们勇于探索的精神。例如服务计算是近年来的研究热点之一,服务匹配是服务计算要解决的关键问题。因而在讲授到二部图时,我特意介绍了如何使用二部图的匹配算法来处理服务匹配的问题[4]。学生们反映这样不但真正了解了离散数学在实际中的应用,也对学科的前沿问题有了一定的了解,真是一举两得。

2.4 利用故事和类比,帮助学生理解和记忆

离散数学中有很多的定理、定义需要学生理解和掌握,这也是学生认为这门课难学的原因之一。比如命题逻辑中有很多基本蕴含式需要熟记,我就利用小故事来帮助学生理解各公式的含义,记住它们的名称。举例来说:拒取式$\neg Q \wedge (P \rightarrow Q) \Rightarrow \neg P$就可以通过"路边苦李"的故事来诠释。这个故事讲的是著名的"竹林七贤"之一王戎小时候的事。有一次王戎和小朋友出去玩,看到路边有棵李子树,树上结着又大又红的李子。小伙伴们都上树去摘李子,只有王戎没动。一个小伙伴问他为什么不去摘,王戎回答李子是苦的。大家尝了一下摘下的李子,果然是苦的,就追问为什么。王戎解释说:李子长在路边,如果是甜的,早

就被人摘完了。现在树上还有这么多李子,所以一定是苦的。学生们觉得很有趣,马上分析故事,进行命题符号化。令 P:李子是甜的,Q:李子被摘完,发现故事和拒取式完全对应,因而在轻松愉快中掌握了这个公式。

再如偏序关系中某集合的最大元、最小元、极大元和极小元几个概念非常重要,但学生容易混淆。因而在讲解时,使用类比的方法,将这几个概念和高等数学中的最大值、最小值、极大值和极小值等概念进行比较。学生们反映能够清晰地理解各概念的含义和它们相互之间的关系。

2.5　展示离散数学的应用

一些学生认为离散数学是门理论性的课程,仅仅是在纸上谈兵,因而没有学习动力。针对这个问题,我在授课过程中尽可能将离散数学在各个领域的应用展现出来。比如"巧辨假币"的问题就可以清楚地阐释决策树的应用。这个问题是:有 8 枚硬币,其中一枚是假币。已知假币比真币轻,问用天平最少称几次可以找出假币。问题提出后,学生们积极思考,各抒己见。当讲完采用决策树的判断方法后,大家反映这个方法更有条理,使用更为方便。通过应用实例,学生们充分了解了离散数学到底有什么用,应该怎么用,从而大大激发了他们的学习热情。

2.6　增加实践环节,提高学习兴趣

离散数学课程中介绍了很多的算法,仅通过课堂上讲解,学生们会觉得抽象。通过增加实践环节,让同学们动手利用学到的算法解决问题,能够提高他们的学习兴趣。因为学生的能力有强有弱,实践环节以小组形式进行。比如讲完真值表后,学生们需要自己动手编制程序来输出公式的真值表。在这个过程中,学生们分工协作,有的写算法框图,有的编制程序,有的写上机报告,每个人都积极主动。在完成题目的过程中,学生们不但巩固了所学的知识,同时也培养了与人合作、互相学习的能力,为他们今后能更好地走入社会打下良好的基础。

以上所述是我在教学中的一些体会,希望能够抛砖引玉,与各位同行共同探讨提高学生学习兴趣的方法,以帮助学生在愉快中学到知识。

参考文献

[1] 王宏志,崔红雨,王煜.数学教学中愉快教育的探索[J].通化师范学院学报,2006,27(6):117－118.

[2] 郭建军.在数学教学中实施愉快教育[J].中国校外教育,2009(6):115.

[3] 耿素云,屈婉玲,张立昂.离散数学(第三版)[M].北京:清华大学出版社,2005.

[4] 邓水光,尹建伟,李莹,等.基于二分图匹配的语义 Web 服务发现方法[J].计算机学报,2008,31(8):1364－1375.

军队院校计算机实验课的探索与研究

李伟良　盛　晨

武警杭州士官学校信息技术教研室,浙江杭州,310023

摘　要:计算机实验课是我军院校信息化发展必不可少的一门课程,对提高学员信息化素质和岗位任职的需求起着举足轻重的作用,然而据调查目前很多院校计算机实验课效率不高,重视度低,随意性大,缺少一定的科学发展理念。本文就对如何更好提高实验课的效率和学员创新能力进行了探索和研究。

关键词:计算机;实验课;效率;岗位任职

1　引　言

当今我军院校任职教育已趋向普及,任职教育的一大特色就是要贴近部队任职需求,提高学员的实践操作能力,而作为计算机实验课程,实践和操作的重要性就更加毋庸置疑。因此,为提高学员的实践能力和创新精神,必须加强对计算机实验课程的探索与研究,使其更好地掌握计算机应用技能,以适应岗位实际工作的需要。

2　加强机房的维护和管理

机房的软硬件是计算机实验课最基本的依赖,两者中任何一项出现问题都将严重影响实验课的进程,因此如何更加有效地维护与管理好机房成了我们亟待探索的问题之一。

2.1　硬件方面

(1)认真做好计算机实验室硬件设备的日常管理和维护,定期对计算机硬件灰尘和污垢进行清理,细心观察,通过检测法、插拔法等手段进行判断,多动手、多试验来及时发现问题,当发现有硬件损坏的计算机就及时修理更换。

(2)禁止随意搬动设备、随意在设备上进行安装和拆卸硬件或随意更改设备连线、随意进行硬件复位。

(3)禁止在服务器上进行试验性质的配置操作,需要对服务器进行配置,应在其他可进行试验的机器上调试通过并确认可行后,才能对服务器进行准确的配置。

(4)对会影响到全局的硬件设备的更改、调试等操作应预先发布通知,并且应有充分的时间、方案、人员准备,才能进行硬件设备的更改。

李伟良　E-mail:52928353@qq.com

2.2 软件方面

2.2.1 系统保护

计算机软件系统的保护可以采用硬件保护和软件保护两种方法。硬件保护一般是指安装硬盘保护卡,硬盘保护卡恢复数据快,在开机启动时瞬间即可完成,而且不占用硬盘空间,稳定性好,安装使用简便,保护全面。在恢复系统时几乎不用什么技术性问题,是一种非常不错的系统维护方案。但是需要注意的是,硬盘保护卡会占用系统资源,而且对硬件和操作系统有一定的兼容要求,在配置时,应注意你的计算机的硬件是否符合保护卡的要求,因为各种不同品牌的保护卡的要求不一定相同。

软件保护是指利用系统保护软件对系统进行一些安全方面的增强或操作系统备份。安全方面主要是指对系统文件和软件的保护,比如还原精灵,它可以简便地设置和恢复系统原有配置,还可对指定的文件或硬盘隐藏掉。另外还可以用软件对系统进行备份,备份是指把整个系统通过软件把它制成镜像文件保存起来,当系统被损坏或崩溃时,可用制成的镜像文件快速恢复到的系统。比如利用 NORTON GHOST 就可制定一个简便的系统自动恢复工具。

2.2.2 文件管理

对于共享资源,我们必须设置用户权限,所以服务器最好使用 NTFS 文件系统。它可以通过设置目录或文件许可、审核与安全性相关的操作,保留对文件和目录的所有权等手段来实现安全性,所以对于一般的应用软件,最好是进行网络安装,通过网络实现资源共享,既有利于保护程序的安全性,又方便以后的维护及升级安装,减少大量的重复工作。

2.3 人员方面

2.3.1 机房管理人员

现在很多院校还没有明确的机房管理人员,往往由计算机任课教员来担任管理者,而教员一般只是对计算机某个领域比较专业,对机房的管理维护未必具有专业性,且缺少经验。再者,教员参与机房管理必将占用其一定时间,不能使其全身心地投入到教学中去,从而影响教学效果。为此机房管理人员必须有专人负责,且具有一定的机房管理和软硬件维护的专业知识。

2.3.2 学员

学员上机课与在教室不同,往往随意性比较强,比较好奇,什么都想实践一下,如修改壁纸、修改显示属性、删除输入法、将桌面图标胡乱设置、设立管理员密码、删除系统硬件等使系统不时崩溃,影响了正常的教学工作等。有的还有自带移动设备来,偷偷拷贝电影、音乐和游戏等软件,时常会使电脑感染病毒,甚至会造成整个机房崩溃死机,严重影响机房正常运转。因此必须制定相应的学员上机管理规定,定人定位,要求学员不得随意修改计算机软硬件设置,不得私带移动存储设备,如有违规者必须给予一定处罚。

学员在机房玩电脑游戏问题一直困扰着机房管理。教员在机房上课时,往往有少部分学员躲在下面玩游戏。上课时,只要有学员玩游戏就会起到反面带头作用,将直接影响其他学员听讲,无法保证教学正常进行。为此,教员要对这部分学员进行劝说,对学员玩游戏进行有效控制。条件允许下,可以对电脑上的所有游戏进行清空。

2.3.3 实验教员

实验教员要充分利用新的技术和设备进行实验教学,例如使用多媒体技术和计算机网络技术,通过构建网络平台实现网络化教学管理。在充分利用实验室的软硬件设施的基础上,提高实验室的管理和技术水平,为学员提供高效先进的实验环境。重点要实行开放式实验教学,可以为学员提供充足的上机时间,很多基础薄弱或者因公差勤务等原因没能跟上教学进度的学员可以根据自己情况安排时间到机房进行实验和学习;同时通过开放计算机实验室可以充分提高计算机实验设备的利用率,发挥实验室的最大效益。这也要求了实验教员要安排好机房值班,确保随时都有教员可以帮助学员在实验过程解答问题。

3 合理安排和开设计算机实验课程

目前,实验教学的安排和实施存在着很大的随意性,实验项目和内容大多是对理论知识的验证性实验,缺乏创新性,学员只是机械地接受和模仿。因此我们必须科学安排和开设计算机实验课,使学员的知识和素质全面提高。

3.1 科学安排课时

虽然计算机实验课已经引起了很多教员的重视,但是其课时安排还是随意性很强,往往是自己想让学员上机就让学员去上机,想什么时候上就什么时候上。实验课时的多少和时间缺少科学的统筹安排。为此,我们必须根据计算机课程设置,合理安排实验课课时量,一般不得少于理论课的课时量。同时实验课时间必须明确安排在教学计划和大纲中,使实验课的地位充分体现出来。

3.2 做好课前准备

良好的开端是成功的一半,各系、部、教研室、实验室应积极进行广泛深入的调查研究,通过调研学习、深入到学员中广泛听取学员的意见和建议、了解学员知识的掌握情况,为科学合理地安排实验教学搜集第一手资料。同时,教员要在课前调试好实验所需的软件和硬件,学员要做好实验课前预习,复习好上次理论课的知识,明确这次实验课的实验目的、要求、内容、步骤、原理。做好充分的课前准备可以大大地提高实验的效率。

4 加强教员队伍建设,不断改进教学方法

4.1 重视实验教员师资,加强教员队伍建设

实验课教员是我军院校计算机教学中一支不可忽视的教学力量,为了更好地掌握学员学习情况,目前大多院校实验课教员都是由计算机任课教员担任,这就要求计算机任课教员既要有扎实的理论功底,又要有很强的实践能力。

首先实验课教员或任课教员应在先进的教育科学理念的指导下,进行教育科学研究,把握实验教学的动态,明确实验教学的改革方向,确立全新的实验教学理念。其次,要在实践教学中不断积累教学经验,提高专业技术水平,精通和熟悉仪器设备的性能和使用,成为

学校仪器设备使用和维护的专门人才。再次要通过培训、学术交流、参观、进修等方式提高教员的职称、学历结构和业务水平,使实验课教员或任课教员往双师型人才方向培养。

4.2 使用多种实验教学方式和手段,不断提高实验效果

许多军队院校计算机实验教学依然沿用传统的教学模式和方法,手段单一,技术落后,实验效果不佳。这种教学方式明显不能适应现代的计算机实验教学的要求,必须进行改革。首先在教学方式上教员要多观察、多思考,总结经验,注重启发和引导,激发学员兴趣和潜力。其次要积极寻求实验教学的新方法,如:分组教学法、任务驱动教学法、分段式教学法、情景式教学法、体验式教学法等等。再次在教学过程中要正视学员的个别差异,针对学员的具体情况,因材施教,使每个学员的潜能都得到充分的发挥。对于基本知识比较薄弱的学员要让其感知教材、理解教材,巩固所学知识,并在实验过程中运用、检查,进而熟练掌握实际的操作技能和使用技巧。因此,对这类学员要以其自身为主体,引导学员积极思考,变被动接受知识为主动参与教学实验,培养其自学能力,让学员在"学"到"学会"、由"学会"到"会学"的过程中完成一定的知识积累,掌握本学科的知识规律。对于已掌握一定基础知识,具备一定计算机操作能力和使用技巧的学员,要采用"加强、补充、提高"的教学方法,使理论讲授"够用"就行,而要重点要突出提高实用操作技能的教学原则,使实验教学更具有实用性、针对性,从而更加贴近部队需要和岗位任职需求的标准。

参考文献

[1] 李连,朱爱红. 军校计算机基础课程实验教学体系[J]. 实验室研究与探索,2006(9):9-25.
[2] 汪克峰. 高校计算机实验教学探讨[J]. 江苏技术师范学院学报,2011(8):8-17.
[3] 寻亚利,张磊. 如何加强高校机房维护与管理[J]. 信息与电脑,2011(1).

基于核心编程的教学实践探索

罗国明

浙江大学城市学院计算分院，浙江杭州,310015

摘　要：本文对课堂教学法的研究,提出了基于核心编程的教学理验,阐述了程序设计的核心编程法、面向问题的程序设计构思、程序的算法归类、程序设计调试等有效方法,并对这些程序设计的教学理验进行深入的探讨。

关键词：核心编程；编程构思；算法归类

1　引　言

程序设计是一门逻辑思维课程,对于非计算机专业的学生学编程,总觉得太难,怎样的教学方法和教学手段才能使学生既听得懂,又有兴趣听,这就是我们教师经常思考的问题,随着程序设计教学手段和教学方法研究的不断深入,教师的教学方法不单单停留在语法结构、简单的实例驱动或者案例教学法上,我们从实践的教学中总结出很多适应现代教学的方法和手段,推动教学的改革,程序设计和其他课程有很多不同之处[1]。程序设计课程的教学最好的方法就是在课堂上和学生互动,在教学中引出一系列问题让学生一起思考这一问题如何解决,用引导的方法使得学生增强学习的兴趣,问题的引出又让学生思考和以前学过的知识有什么关联,但是在课堂讲授过程中怎样使学生真正掌握并灵活运用却不是一件简单的事情,笔者在近几年的教学实践中进行了改革探索,取得了良好的教学效果。

2　教学方法

本课程以教学程序设计为主线展开讲授 C 程序设计,摒弃老套的以语法为教学的手段和方法,特别着重讲解程序设计的设计思想和方法,以小案例入手,紧扣核心实例的递进驱动教学法,教会学生多样的编程方法,自上而下的编程方法,分而治之的方法,也可以从核心程序开始编程讲解,归纳出具有共性的编程方法,把最重要的程序先编出来,这就是从核心编程开始,步步推进,融案例、知识点和实验项目于一体推进程序设计的设计方法和理念,强调学生的逻辑思维训练和整个程序的框架构造设计;加强上机实践,特别加强程序设计调试的方法,教会学生程序的调试方法,如果学生自己学会了程序的调试方法,学生如果在编程中遇到问题,借助程序调试工具,学生可以在任何地方都可以自己解决编程中所遇到的问题,这就是让学生自己学会编程,在没有教师的指导下自己完成程序的调试,并保证程序的正确性,把被动学习程序设计变为主动学习程序设计,让学生觉得"我要学,我自

罗国明　E-mail:byhart@163.com

己会学会"。教会学生程序设计的方法的同时,使学生学会独立思考,提高分析问题、解决问题和实际编程的动手能力[2]。

同时以学生为中心:学生是教学的主体,按照培养目标、学生的认知规律和学习特点安排教学;从学生的实际情况出发,实施教学的每一个环节,调动学生学习的积极性,引导学生主动学习。培养学生的计算思维:计算机时代,人们的思考方式要跟进借助于计算机的思考方式,所以要求学生运用计算机科学的基础概念去解决问题能力和独立思考的能力。

(1)小案例教学:以小案例教学激发学生的学习兴趣,同时在小案例教学中引出知识点,用不同的教学方法教会学生怎样编程,例如:自上而下的编程教学方法,核心编程的教学方法,二者相互渗透,自上而下的编程教学方法是比较经典的教学方法,核心编程的方法就是把问题中最重要的部分程序先写出来,然后层层推进,我们的讲课方法是先讲程序设计中重要的一部分,那就是程序的核心部分,只有学生掌握问题的核心编程,其他拓展程序就非常容易编了。

(2)程序算法的归类:程序设计的方法在很多方面和数学的方法有很多相似之处,也就是说程序设计的设计思想有很多共性,如何把有共性的东西抽象出来归纳形成算法,这就是归类,我们说掌握程序设计的方法,不是说学生编了多少程序,而是有没有掌握编程的核心思想,有没有掌握哪一类问题,用哪一类算法去解决,例如进制转换(2、8、16 进制转换成10 进制,10 进制转换成 2、8、16 进制),如果掌握这一类算法我们只要编 2 个函数就可以了,而不需要编 6 个程序,这就是算法的归类,所以我们必须教会学生怎样把算法归类,引导学生在解决实际问题进行编程的实践中探索其中带规律性问题。

(3)动态演示算法:我们自己编了几个核心算法演示给学生看,让学生知道程序是怎样在计算机里执行的过程,和怎样计算出结果,变量的存储和变化情况使学生看得一目了然,加深学生对程序设计的理解,同时学生也可以自己拷贝回去加强复习,巩固学习成果。

(4)强化实践:程序设计是高强度的脑力劳动,只听老师的讲授、只看教师的演示是学不会 C 程序设计,只有多进实验室,多带着生活中的问题加强实践进行上机编程练习才能达到学习 C 程序设计的目的,所以我们也要求学生平时多上机房上机实践,我们学校的机房基本上一周 7 天全开放,让学生有更多的练习机会。

(5)程序调试:程序调试是帮助学生正确掌握程序编程的最好方法之一,所以我们必须教会学生程序怎样调试,学生如果遇到问题能够自己轻松解决,这也是锻炼学生自己解决问题的能力。

(6)鼓励和引导探索式的学习:在上课的过程中经常提出一些有一定难度的问题,引导学生去思考和探究新的问题,将感性认识升华到理性高度。例如:当讲完数组这一章时,我们可以提出一个问题,简单的五子棋算法是怎样实现,让学生自己回去思考问题和自己解决问题,如果有问题通过程序调试的办法来解决[3]。

(7)突出重点:教学重点放在解决问题的思路、算法、编程构思、算法归类和程序实现上,并不是在简单语法上,语法等简单的错误在上机程序调试中很容易查找出来,当这些错误一次二次查出以后,就会牢牢记住,以后就不会出现同样的错误。编写程序语句只是实现问题结果的表达工具,只要学懂就行,重在训练利用计算机编程手段分析问题和解决问题的能力。

(8)养成良好的编程习惯:按照良好的编程风格,强调可读性、注释、程序构思说明;学会调试程序、优化程序;对运行结果要做正确与否的分析。

(9) 作业布置一些和学生生活有关的题目,激发学生的学习兴趣,如:浙江大学城市学院每年 4、5 月份都要举办十佳歌手大奖赛,我们就把这个作为题目给学生的作业,评委必须大于 2 人,去掉一个最高分和一个最低分后的平均分就是选手的得分,并且要求引申到学生给老师一学期教学的打分,要求去掉学生打分的 5 个最高分和 5 个最低分后的平均分就是给教师的最终分数,实际上城市学院对学生评分就是这样做的。像这样的例子的作业很多,如求从寝室到某个教室的最短距离等等题目布置给学生做[4]。

本教学的主要讲课方法以核心编程为导向,在讲课的过程中,首先要求学生从问题(小案例)中找出核心问题是什么,引导学生怎样写出程序的算法或通项公式,然后一步一步提问式向外扩展,包括循环的向外扩展,如果关键的算法学生已经掌握了,在讲一个程序的时候大多数时间花在让学生思考写关键程序和提问上,后面简单的输入和输出只要让学生思考一下,学生基本上都能够写出,接下所有的变量的定义前面已经掌握了,后面只要提一下就可以了。

当一个程序编程讲解完成后,教师还会提出一系列和刚讲过程序有关的问题,继续让学生思考,算法能否改进,如何把前面学过的知识用来解决现在的问题,引导学生巩固以前学过的知识;比如学到 2 重循环,如果不用 break 语句,如何解决编程的问题,如果学到转置矩阵,怎样用选择法排序的思想来实现等等[5]。

以上重要的思想就是要让学生在课堂上思考问题,活跃课堂气氛,达到教师和学生互动的效果,没有互动,学生大脑就不够兴奋,学习的积极性就不高,学习的兴趣也会大大降低。

3 总 结

教学方法探讨无止境,我们的教学方法主要的是在教学课堂上互动,以核心编程为基础,提出一系列问题让学生思考,布置和学生生活有关作业,层层推进,让学生学会怎样编核心程序和怎样思考问题的方法,这种思想很容易推广到其他课程,对以后的学习、学生的编程兴趣都会有比较大的提高,可以充分调动学生学习的主动性,激发学生学习程序设计的热情和兴趣,同时也培养了学生的思考能力和解决问题的能力,达到了事半功倍的效果。本文的目的就是想达到一个抛砖引玉的作用,大家共同来探讨程序设计的教学方法,提高教学质量。

参考文献

[1] 刘小燕,申艳梅."C 语言程序设计"教学方法探析[J].计算机教育,2010(6):94－96.

[2] 张素芹,吴连生.独立学院"C 语言程序设计"教学改革实践[J].计算机教育,2010(14):21－23,60.

[3] 郝惠馨,李秀坤,辛明影."C 语言程序设计"课程教学实践与创新[J].计算机教育,2009(15):63－64,75.

[4] 伍星,熊壮,曾一.非计算机专业程序设计课程中学生创新能力的培养[J].计算机教育,2009(21):137－138,89.

[5] 陈莲君,朱晴婷.培养能力为主线的 C 语言程序设计教学研究[J].计算机教育,2013(14):102－105.

基于自主探究与团队学习相结合的教学设计

——以"遮罩动画制作"为例

王　涛[1]　陈文青[2]

1.绍兴文理学院,浙江绍兴,312000

2.绍兴职业技术学院,浙江绍兴,312000

摘　要：对于动画制作的基本操作技能,大多数学生通过观看操作视频并模仿练习即可掌握,但要创作出优秀的动画作品,需要激发学生的内在探究与创作动机并结合团队的协作方能实现。因此,在教学设计过程中,采用学生主导、教师辅助指导,激发学生内在学习探究动机为目的教学模式。本次课的教学设计,教师首先向学生展示一个精美有趣的动画作品,引导学生思考作品创作中用到的知识点,哪些已经学习过,哪些属于未知的内容,进而复习已有知识并随即导入新课。通过教学道具的演示向学生讲解遮罩动画的原理。通过分解所演示的动画作品,化难为易,层层推进,向学生讲解遮罩动画的制作方法。学生在掌握基本的制作技术后,通过几个精彩的案例对知识点进行拓展,让学生掌握遮罩动画的典型应用。最后通过团队协作按照给定项目书完成团队项目的制作,从而达到对遮罩动画技术创新应用的教学目的。

关键词：自主探究；团队学习；教学设计；遮罩动画

1　引　言

　　培养学生的团队精神和团队协作能力已经成为高校人才培养的重要任务[1]。我校近年来进行了课程教学模式改革,在人力、财力、物力上给予了大力的支持。学校将所有计算机基础和应用类课程全部划为了全校选修课,每个学生在本科学习期间至少选修两门课程进行学习。各门精心建设的课程就像厨师烹饪出来的菜肴,让学生根据自己的喜好去选择。"Flash动画制作"这门课便是学校重点支持的教改课程之一。该课程从教学内容、教学方法、考核方式等方面进行了全方位的改革。项目组根据课时安排将教学内容进行了模块化分类,在六个模块的课程教学中完成Flash动画制作基本知识的学习。

　　学习方式主要是在自主探究学习[2]的基础上采用团队协作方式进行学习、设计。鼓励学生积极参加校、市与省级的大学生多媒体作品设计竞赛,考核方式采用全班同学参与的答辩考核,同时,教师也参与到答辩考核当中。学生个人期末总评构成情况如表1所示。

王涛　E-mail：taohit@usx.edu.cn

表 1　学生个人期末总评构成

考核项目		时间段	百分比	备注	
个人期末总评	出勤		10％	出勤	期末总评根据平时记录的奖惩情况进行微调,比如学生学期全勤加分,答辩提问加分,团队负责人加分,被淘汰团队扣分,所打分与平均分差距最小的 5％ 加分等
	平时		15％	作业	
	教师对团队	前期	5％	团队组建情况:团队成员之间的搭配十分合理,比如理工搭配,特长之间互补等	
		中期	5％	团队运作情况:活动文字记录、照片记录、设计进展情况	
		期末	10％	项目最终设计情况	
	团队成员之间	期末	5％	团队成员根据各自对团队的贡献互评	
	全体学生对团队	期末	50％	期末答辩,全体学生参与(包括团队成员)打分,扣除最高的 10％、最低的 10％,剩余 80％ 的平均值作为有效成绩	

2　设计思想

本次课的教学设计[3]主要采用以学生为中心,教师为引导的教学思想,精心设计教学案例,通过案例展示、激发学生兴趣,为新课的学习提供思想上的动力。通过案例分解,化整为零、化难为易,复习已学内容,导入新的知识。通过案例分析讲解和动手实践,在学生掌握了遮罩动画制作基础知识的条件下,把遮罩动画的几个典型应用案例和制作视频提供给学生,达到拓展知识的目的。学生根据个人情况和提供的素材反复观摩学习,起到培养、提高学生自主学习能力的目的。最后,在了解掌握了遮罩动画的制作技巧后,引入本次课的难点:遮罩动画的应用,发挥团队学习的优势,在课堂上导入,让学生主要在课外时间以团队协作的方式完成团队项目的设计制作。设计作品在下次课展示、交流和评价,这样会给学生以创作作品的动力。

3　教学过程

教学思路大致如图 1 所示。

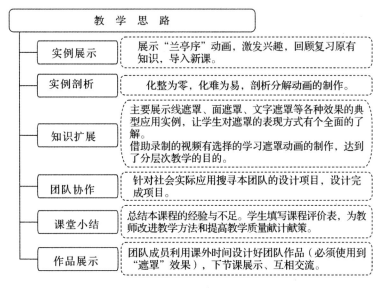

图 1　教学思路

3.1　动画激趣、导入新课

首先播放"兰亭序"教学案例,如图 2 所示。伴着优美的背景音乐,两个卷轴徐徐展开,毛笔在上面有力地书写出"兰亭序"的内容,并伴有发光字的效果,大红的印章印上去,最后卷轴收起,音乐慢慢停止。案例展示后,教师向学生提问,在本动画中,根据以往所学的内容,哪些动画效果自己可以实现,哪些动画效果自己无能为力呢?留给学生思考的时间,接着进入本次课的下一个环节。

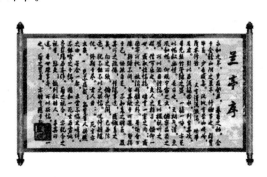

图 2　"兰亭序"动画

3.2　实例分解,化整为零;有的放矢,学习新知

对思想上尚处在疑问中的学生,教师将"兰亭序"案例分解出几个主要的组成部分:卷轴展开、毛笔写字、发光字、盖印、卷轴收起等。其中毛笔写字和盖印等动画的制作方法在前面的课程中已经学习过,稍作介绍即可,重点讲解的是卷轴展开和发光字的效果。卷轴展开动画就是本次课的知识点——遮罩动画。

首先教师使用教学道具讲解遮罩动画的原理,概念是抽象的,但学生一旦看到教具就会发出"哦……"的声音,觉得遮罩动画的原理原来如此,对遮罩的概念很快会掌握。教师再借助教师机控制全部学生的电脑,向学生展示遮罩动画的最简单的制作方法和遮罩效果,如图 3 所示。本环节解决了本次课的第一个重点"遮罩的概念和遮罩层动画的实现原理"。

图 3　遮罩原理示意图

在了解了概念和原理后,学生戴上耳机,边观看视频边模仿操作练习。教师在学生中巡回走动,控制整个课堂并解决学生出现的一些问题。学生通过实践操作,短短十几分钟即可掌握遮罩层动画的制作方法。

3.3　视频指导,分层教学;自主实践、主动探究

通过上一步骤的学习,大部分学生已经掌握了遮罩动画的基本方法。此时,学生或许觉得遮罩层动画不过如此,在这样的氛围下,教师向学生展示几个典型的教学案例效果:闪闪五角星(线条作为遮罩对象)、滚动的地球仪(多个图形作为遮罩对象)、飞流的瀑布(影片剪辑作为遮罩对象)等,如图 4 至图 6 所示。

图 4　线条作为遮罩对象

图 5　多个图形作为遮罩对象

图 6　影片剪辑作为遮罩对象

对各个案例进行展示后,教师让学生思考这些效果如何实现呢?学生或许会觉得这些动画效果我们还没有学习过。然后告诉学生,上述种种效果都是遮罩动画实现的。学生的心态从对遮罩动画的完全把握中一下子变到了茫然的状态。这时候,再次让学生戴上耳机,有选择地根据自己的喜好观看教学视频。学生一边看视频,一边根据素材进行操作实践,了解掌握本次课的第一个难点内容"遮罩层动画的典型应用"。

教师总结本环节的内容:图形可以作为遮罩对象,同样,文字、线条、影片剪辑等也可以作为遮罩对象。让学生掌握本次课的第二个重点"哪些对象可以作为遮罩对象"。教师所涉及的案例在类型和难度方面有所不同,学生根据自身技术能力和兴趣爱好等进行选择,起到分层次教学的效果,同时起到自主实践、主动探究的教学目的。

3.4 团队协作、应用实战

上一步骤中学生借助录制的教学视频,通过自主实践、主动探究的方法全面学习了遮罩动画的制作方法,在此基础上,进行本环节的学习。教师向学生提供并简单介绍本模块的"团队项目书"和"项目评价表",包括项目描述、项目资源、项目要求和评价指标等。各个学习团队根据项目书要求,利用课外时间,借助网络平台通过团队协作形式完成各自团队项目的设计制作。

这个环节有效缓解了本课程课时不足的问题,充分利用了学生的课外时间,发挥了学生的主动性和创造力,培养了学生团队协作学习的能力。抛出了本次课的第二个教学难点"遮罩动画的创新应用",让学生去探究解决。一般情况下,每个学生都有想向全班同学展示自己优秀一面的心理需求,在这种情况下,下次课的作品展示、交流和评价为学生课外设计提供了一定的动力。

4 教学效果

采用基于自主探究与团队学习方式相结合的教学方法,经过一个学期的教学实践,在学校和绍兴市大学生多媒体作品设计竞赛上两个平行班学生的获奖对比情况如表 2 所示。

表 2 两个平行班获奖情况对比表

非教改班级	教改班级
校:二等奖 1 项 市:无	校:一等奖 2 项 二等奖 3 项 三等奖 7 项 优秀奖 5 项 市:一等奖 1 项 二等奖 1 项 三等奖 1 项 省赛成绩尚未出来

5 总结反思

本文教学设计以学生为中心、教师为引导；知识的展现通过学生自己的探究得到，而不是教师的灌输；在教学过程中，循序渐进、分层教学，尽量能够激发学生求知的热情和学习的兴趣，让学生积极主动地参与到教学活动中去，能在教师的引导下进行有效的探究活动。在知识的创新应用上发挥团队协作的优势，完成团队项目的制作。教学过程中师生之间能进行有效的互动，通过学生的自主探究和团队协作很好地实现了本次课的教学目标。

参考文献

[1] 李湘健.在实践教学中着力培养学生的团队精神[J].中国大学教学,2008(11):85-87.

[2] 何晶,吴德伟.自主探究教学法在"导航系统"课程教学中的应用[J].高等教育研究学报,2011,34(2):80-82.

[3] 杨开城.教学设计技术——教师的核心专业技术[J].电化教育研究,2012(8):5-9.

浅谈基于 RCT 的大学计算机基础类课程改革

徐恩友[1]　韩建平[1]　朱娅妮[2]　洪道平[1]

1.杭州电子科技大学计算机学院,浙江杭州,310018

2.杭州电子科技大学科技部,浙江杭州,310018

摘　要: 目前,国家对于高校投入的比重逐年增加,推动了高等教育的研究与改革,但是,在课程改革实施过程中缺乏对课程效果评价方面的研究和探索。鉴于此,除了专家、教师、学生的参与,将更多地采用学生学习效果来评价,这些评价同时也可以为教师的教学方法、教学手段提供反馈,从而使得课程的教学方法、教学平台同步发展。研究主要依托杭州电子科技大学在建的比较好的大学计算机程序设计类课程,探讨其课程在实践过程中存在的问题。采用随机分组对照试验(RCT),评估多种教学方法的效果。

关键词: 课程改革;教学方法;随机分组对照试验;评估

1　引　言

随机分组对照试验(RCT)是一种对医疗卫生服务中的某种疗法或药物的效果进行检测的手段,特别常用于医学、药学、护理学研究中,在司法、教育、社会科学等其他领域也有所应用。在 20 世纪 70 年代,以 Archie Cochrance 为代表的流行病学家分析大量已报道的资料发现,只有不足 20% 的临床诊治措施后来被证明是有效的,因此,他们疾呼"临床实践需要证据"。他们的研究成果使得大样本的临床随机对照试验研究(randomized controlled trial,RCT)在 20 世纪 80 年代蓬勃开展起来,为 20 世纪 90 年代循证医学的发展及其地位的确立奠定了基础。随机分组对照试验研究的基本方法是,将研究对象随机分组,对不同组(干预组和对照组)实施不同的干预,以对照效果的不同。在研究对象数量足够的情况下,这种方法可以确保已知和未知的混杂因素对各组的影响相同。RCT 的特征是:随机分组,设置对照,施加干预,具有前瞻性,论证强度为最强。

在综合性治疗中,每一种干预措施可能都只产生很小的疗效,因此对其评价就必须要借助特定方法,即大样本、多中心临床试验。1948 年,英国人进行了人类第一项链霉素治疗结核病的随机对照试验(RCT),结果证实链霉素疗效非常好。如此确切的疗效,再加上严格的研究方法,使其结果很快得到公认。从此,RCT 被确立为评价临床疗效的最有效方法。李幼平教授根据循证医学的哲学理念,将其外延到各个需要证据决策的领域中,提出广义循证观,定义广义循证观三要素为:①凡事都要循证决策;②要与时俱进,根据新出现的高级别证据不断补充和完善现有评价;③后效评价,止于至善。该概念 2003 年首次在

徐恩友　E-mail:xuenyou@hdu.edu.cn

Cochrane 年会上提出,即被全世界循证医学同行认可。因此李教授于 2004 年提出了循证科学(evidence-based science)的概念,她认为是基于以下内涵:①各行各业、各种层面都在强调决策的科学性和它的成本效益比;②重视信息的采集、加工、挖掘和合成;③由第三方进行权威评价。现在,各个行业都重视数据库的建设、评价标准和体系的建设和第三方的权威评价。

2 RCT 研究应用现状

在国外,Burgoyne,K. 等人[1]使用 RCT 研究方法评估语言和识字的干预对于患有唐氏综合症儿童的影响。其方法是将 57 名患有唐氏综合症儿童随机分配到干预(40 周的干预)和等待控制(20 周的干预)组。在三个时间点进行了评估:干预前、干预后 20 周,经过 40 周的干预。得出结论:助教干预使得患有唐氏综合症的孩子提高了阅读和语言技能。Watson,K. 等人[2]采用随机对照试验(RCT)研究了是否可以在某种程度上 SLEs 代替传统的临床教育。

在国内,张颜波等[3]关于"临床教学医院开展神经病学循证医学教学模式必要性分析"一文中,探讨了临床教学医院开展神经病学循证医学教学模式必要性。其方法是选取 2007—2010 年进入泰山医学院附属医院神经内科实习本科生 120 名,随机分为对照组和实验组,每组 60 名,通过调查问卷和临床技能考核方法进行研究,采用 SPSS 12.0 软件对数据进行分析。结果:实验组与对照组相比,在对神经病学课程兴趣和重要性认识等调查问卷方面明显提高($P < 0.05$);实验组与对照组相比,在病史采集、体格检查、病历书写、基本操作和病例分析等临床技能考核方面,均明显提高($P < 0.05$)。得出的结论为:在临床教学医院开展神经病学循证医学教学模式具有必要性和重要意义。

安仲明[4]在"医学教育研究中的随机化对照试验"一文中指出,在医学教育领域,有人认为 RCT 不应当使用,因为学生无权选择自己的学习方法。但是,为了评估多种教学方法的效果,医学教育家建议必须广泛地采用 RCT,并指出不对教学方法作 RCT 是不符合伦理准则的。

1966 年,美国学者斯塔弗尔比姆(Stufflebeam)创立了 CIPP 教育评价模式,他强调决策模式的改善功能,认为"教育评价最重要的目的不在证明而在改进"。该模式把评价相应地分为背景评价、投入评价、过程评价和产品评价等 4 种,简称 CIPP 模式,每一种都有 6 个步骤:①确定评价对象和种类;②确定评价依据;③搜集有关依据的材料;④确定评价标准;⑤根据标准分析依据;⑥向决策者提供反馈信息。决策模式提出后受到普遍重视,被当时美国教育总署及其他许多机构和学校所采用[5]。

CIPP 模式尚未重视除决策者以外参与评价的各类人员的价值取向。而在计算机程序设计类课程的效果评估中,不仅涉及课程的决策者、管理者自上而下的作用,还要考虑到课程对象——学生的评价,以及社会、企业对学生在实际工作中的评价等多元因素[6]。

郑旭东博士[7]在"多媒体学习的科学体系及其历史地位"一文中指出,教育技术学要想走向科学化,应该走出追求实用主义的"寻证"之路,走向扎根于科学理论基础的"循证"之路,同时应该在方法学上寻求突破。

3　目前大学计算机程序设计类课程改革需解决的问题

正如有些学者提出的,RCT 只是一种研究方法,可以将其应用于各行各业。由于学生个体的差异,专业的差异以及教学内容的差异,我们有必要将学生分组。在一个学校内部,按照分组规模,大到可以分为理工科组和文科组,在理工科组里再进一步分为干预组和对照组,干预组采用新的教学方法,对照组采用原有的教学方法;也可以小到某一专业甚至一个班级里分组。引入 RCT 的目的在于我们要用更加有力的证据来证明我们新的教学方法相对于原有的教学方法是更优的。

(1)提出改进的教学方法,研究如何将大学计算机程序设计类课程研究与随机分组对照试验有机结合起来,用 RCT 来检验我们的教学方法,并在检验过程中改进我们的教学方法。

(2)研究如何采用 RCT 所获取的实验数据反馈到大学计算机程序设计类课程中去。

(3)给出课程效果评价体系,并将其应用到大学计算机程序设计类课程实践中去。

(4)虽然网上布置和作业提交减轻了教师的负担,但是这种方式也面临着一些问题。比如,教师不能监控到学生作业有没有拷贝,其布置的作业的题量是否合理,范围是否超出学生的能力范围,如何照顾到不同类别的学生,作业的分值、作业的测试数据是否全面正确等等,加之参与授课的老师人数多,每个老师的偏好不同,这些都将影响到学生的学习兴趣和学习效果。因此,针对不同专业的学生,研究如何将网上作业与纸质作业结合起来,用 RCT 来检验这种方式的有效性,从而提高学生的学习兴趣和学习效果。

4　一种新的教学方法的构想

随着教学手段的多样化,人们在尝试不同教学方法的过程中,也在不断改进教学方法。其中,网络教学越来越多地被人们所接受,网络学习作为一种自主性和探究性学习符合建构主义学习的观点。但是网络教学也有其弊端,作为教学者,将统一指导与个别指导结合起来,可以弥补网络学习中的情感交流缺陷,有助于提高网络教学的教学效果。

4.1　将每周的课内机时 2 学时转变为 1＋1 学时

我们以"C 语言程序设计"这门课为例,传统的上机教学方式是教师布置好任务,然后交由学生执行,如果学生有问题,老师个别指导。这种教学的弊端是面对大量学生的时候,必然是只照顾到了少数,忽视了大多数。对于具有正情绪的同学而言,他们参与度更高,而对于负情绪或中性情绪的学生,他们往往采用消极的学习方式。鉴于目前大多数机房都配备了电子教室软件,我们不妨将原有 2 学时分解成 1 个学时教师讲解,1 个学时学生去做。

4.2　合理的上机任务布置

最近几年,我们的上机任务采用了自己开发的考试自动评判系统。但是我们发现有些学生虽然登陆了系统,但是只做了一小部分题目,有些题目虽然做了但是没有通过评判,得分为零。分析原因,一方面是因为学生的抵触心理,另一方面是题目本身的原因。如何提高学生的参与度，激发学生的学习热情，试题的选取非常重要。我们可以采用每次只布置 5 题的题量，每题设置 20 分，充分利用系统的自动排名功能，调动学生们的求知欲。每个题目的评判结果要保证正确，目前系统中的有些题目评判数据不全或者不能自动评判，这样的题目一旦布置出来，即使正确的答案，提交到系统的评判结果也永远为零，对于不了解系统的学生而言，显然会打击学生的学习兴趣，降低他们使用系统的激情。因此，作为任务布置者，应该严格把关每一道题目。在 5 道题目中，老师可以选择 2 道题目统一讲解，降低基础薄弱学生的恐惧心理，让所有学生有最低 40 分，而不是 0 分。在每次作业截止后，在系统中设定公共账号，给出此次作业的参考答案。

4.3 纸质作业的补充

由于专业差异、学生个体差异、题目的差异，完全采用网上作业系统是不切实际的。对于只有输入输出的题目，文件部分的题目，由于系统不能自动评判，所以有必要使用传统纸质作业。另外对于差的班级，完全可以让他们把网上提交的作业再次用纸质作业写一遍，加深他们的认知度。

4.4 课外机时的利用

对于程序设计类课程，都有配套的课外机时，但是很多的作业都在课内机时完成了，很少有老师利用课外机时。对于学习主动性不强的同学，也不会使用这个课外机时。所以作业的布置，除了前面提到的课内机时，而且还要布置课外作业，课外作业的选取可以适当提高难度，但是每道题目的选择也应做到严格审核。

4.5 课堂 3 学时的情景引入

对于每周 3 学时的课堂教学，除了合理安排授课内容外，还引入其他学科，提高学生学习兴趣。比如在我们的教学网站主页上，有一个打字机效果的程序，不妨也让学生课后把自己的第一程序用 FLASH 软件制作出来。

5 结束语

随着国家对于高等教育投入比重的不断提高，基于各种模式的教学改革如火如荼！从前几年的精品课程建设到现在的课程教学模式改革，在培育了大量的优秀课程同时，也丰富了网络教学资源。但是，任何一件作品，都需要经过实践标准的检验，我们在欣喜网络教学给我们带来便利的同时，也应看到网络教学存在的不足。将大学计算机程序设计类课程研究与随机分组试验有机结合起来，用 RCT 来评估我们的教学方法，并在检验过程中改进我们的教学方法。将 RCT 与课程改革相结合，给出科学的课程评价体系，可直接反馈于教学设计，提升我省高校课程建设的成效，为建设"教育强省"服务。

参考文献

[1] Burgoyne K，etc. Efficacy of a reading and language intervention for children with down syndrome：A randomized controlled trial［J］. Journal of Child Psychology and Psychiatry，2012，53（10）：1044－1053.

[2] Watson K，etc. Can simulation replace part of clinical time? Two parallel randomised controlled trials［J］. Medical Education，2012，46(7)：657－667.

[3] 张颜波等. 临床教学医院开展神经病学循证医学教学模式必要性分析［J］. 中国高等医学教育，2010(8)：12,25.

[4] 安仲明. 医学教育研究中的随机化对照试验［J］. 复旦教育论坛，2005,3(5)：95－97.

[5] 高振强. CIPP 教育评价模式述评［J］. 教学与管理，1998.

[6] 陈静,柯玲."立体多面"职业发展与就业指导课程效果评价体系的构建［J］. 高教论坛,2011,9：34－37.

[7] 郑旭东. 多媒体学习的科学体系及其历史地位［J］. 现代远程教育研究,2013,121(1)：40－48.

以提升内在素质为核心的开放式快乐教学范式改革

应小凡　马雪英

浙江财经大学信息学院;浙江杭州,310018

摘　要:以大学计算机基础教学为背景,对课程教学中的教学内容、教学方式方法和评价机制等方面存在的主要问题进行了深入的分析;以提升内在素质为核心,开放灵动为风格,快乐为主旋律作为贯穿始终的三大主题,提出新的教学理念和改革思路,对提升课程的层次,提高教学成效、培养学生的综合能力起到突出的作用。

关键词:内在素质;开放;快乐;教学范式

1　引　言

"大学计算机基础"课程针对浙江财经大学全体非计算机专业一年级学生的必修课程,覆盖面广,影响力大,是学生受益面最广的课程之一。大学计算机基础课程在多年进行课程建设的基础上,已经成为一门具有学习计算机科学知识,进而培养学生的计算机技能和初步掌握信息获取、分析、处理技术的信息素质方面具有基础性作用的重要课程。由于课程本身的特点所决定,其涉及的知识点较多,尤其是软件应用的知识点比较零散,大大增加了授课的难度。此外,由于时代的发展,高等教育对人才培养提出了更高的目标与要求[1,2],更加注重内在素质的培养;与课程相关领域的发展日新月异,课程原有的教学内容与教学方式等无法适应时代的需求。本文就此进行了深入的探讨,在此基础上,结合多年的一线教学经验,提出以提升内在素质为核心,开放灵动为风格,快乐为主旋律作为贯穿始终的三大主题,并探讨可行的教学新理念和改革新思路。

2　存在的主要问题

由于多方面的因素,本课程教学中的教学内容、教学方式方法和评价机制等方面存在一些普遍的问题,主要表现在以下几个方面。

2.1　教学内容

(1)计算机的相关领域发展可谓日新月异,原有的计算机基础课程局限于传统的计算机基本知识与理论的传授,缺乏最新学术前沿的跟踪与探讨,缺乏对学生相关能力的培养。

(2)作为一门全国高校都普遍开展的计算机类课程,其课程本身涉及的知识点较多,尤

应小凡　E-mail:yingxiaofan@sohu.com

其是软件应用知识点比较零散,而且缺乏条理性,可谓零敲碎打,使得授课的难度比较大,授课效果普遍不佳,如何将分散的知识点整合起来是一个非常具有挑战性的课题。

(3)在面向实际应用的教学内容中,重点关注 Word 等软件的应用技巧,仅仅教会表面的"武功招式",而忽视本质的"内功心法"传授。须知软件仅仅是工具,种种功能也只是浮云,只有设计者主体具备上佳的设计理念,才可能设计出好的作品,需要对设计理念进行提炼与引导,这对教师的综合素养提出更高的要求。

(4)缺乏创新与综合能力的培养。原有的课程给广大学生的自由空间不足,因此无法有效培养学生的创造力。在实际应用的教学中,更多的是让学生一五一十地进行模仿,机械化地完成"规定动作"的习题,这与当今培养复合型创新人才的培养方向背道而驰,需要加以大力改进。中国学生善于考试,而对没有明确问题而需自己发现并提炼的问题就手足无措(这恰恰是最常见并具挑战性的),例如如何设计一款出色的手机,乔布斯正是因为深入领会问题的精髓,以灵动的创造力使得苹果手机风靡全球。如何让学生自己发现问题,提出问题独立思考,展开想象的翅膀,自由发挥与创作,是培养人才的一个非常重要的课题。

(5)课程所涉及的软件可以满足有关的基本需求,但需要一定的必要补充。以学生的毕业设计论文为例,可以看到大部分学生的插图都差强人意,究其原因很简单,有一款极其专业而且简单的绘图软件 Visio 大部分学生并不知晓,可谓遗憾,应该在课程教学中予以补充,大有必要。犹如咖啡与咖啡伴侣,两者结合,相得益彰。

(6)所使用的软件版本为 2003 版,而最新的软件版本为 2010 版,浙江省等级考试的软件版本也将全面更新为 2010 版,势必要求与时俱进。

2.2　教学方式和方法的缺陷

(1)传统的教学方式是教师为主,学生为辅,教师不断讲解与演示,学生被动接受,缺乏互动,课堂气氛比较沉闷、无聊,厌学等不良情绪也会逐渐增长,大大影响了教学效果。

(2)课程传授过程中缺乏实际案例的设计过程展示,因此广大学生无法获得有效的启发[3]。

(3)课程所涉及的内容,尤其是软件应用的部分知识点比较零散,缺乏条理性,如果按部就班地讲解会显得非常凌乱。

(4)鼓励的缺乏,不可否认,"90 后"大学生存在不少缺点,但他们同样具有不可比拟的优点,例如:他们不盲从,有独立的思想,如果加以正确引导,鼓励和激发他们的优秀秉性,他们的确会给我们带来意外的惊喜,而这一点在当今的教学中是比较欠缺的,主要原因在于教师没有跟上时代发展的脚步,所谓因材施教是需要教师注重和提高的。欧美的教师在教学过程中非常注重学生的鼓励,这一点需要我们好好借鉴和学习,对学生的良好个性的养成与茁壮成长极为重要。

(5)课件与习题略显古板,而当代的大学生都更倾向于亲和风趣幽默的教学方式,当今淘宝风格盛行即是明证,因此需要在课件中体现风趣幽默的元素,以利于广大师生在其乐融融的氛围中"快乐教学,共同成长",岂不快哉。

(6)有关的视频资料有所欠缺,导致教学方式比较单一,需要加以补充。

2.3 评价机制

因为以往的教学内容中缺乏创新与综合能力培养的相关内容,评价主要由"考勤＋上机考试成绩＋理论考试成绩"三位一体的评价方式,唯独缺乏对学生创新与综合能力的评价,需要加以重视与改进。

2.4 正确对待高科技发展的引导欠缺

大学生沉溺不良网站、游戏成瘾,厌学、低迷、堕落,成为当今社会的通病,广大家长更是痛苦不堪。高科技犹如一把双刃剑,在给人们带来便利的同时,又造成了严重的负面效应,这些都是广大教师深有体会的。申请者曾经在实验课上不止一次地发现学生登录不良网站,的确是一个非常值得关注的现象,长此以往,后果不堪设想。正如梁启超所言,少年智则国智,少年强则国强,少年进步则国进步,本课程是面向全体大一新生的课程,所涉及的内容又与此主题密切相关,其重要性不言而喻,如何正确引导广大青少年是本课程所负的重要职责与使命。本课程前期建设中对此进行了一定的探究,但力度和广度不够,需要大力深入,与通识教育相融合,兼顾科学人文素质的教育。

3 新的教学理念和改革思路

提升学生的内在素质是教学的永恒主题,因此,本课程的核心目标为切实提升学生的创新能力等内在素质。而为了实现这一目的,以灵动开放的心胸秉承先进的教学理念,改进教学内容,提升教学方式和手段,引入所需的有益元素。在教学过程中,应始终贯彻"快乐"的主旋律,把师生打造为和谐的大家庭,课堂犹如一场充满快乐的家庭聚会,广大师生如同置身于阳光之下,"快乐教学,共同成长";又如沐浴在春雨之中,"春风化雨,润物无声"。

3.1 教学内容的改进

(1)探索学科前沿:重视探索式教学,针对原有的计算机基础课程局限于传统的计算机基本知识与理论教学的不足,将引入最新学科前沿的跟踪与探讨,例如当今人们所关注的"云计算""移动操作系统"等,作为重要的专题,可以有效提升学生的学习兴趣、开阔学术视野并有效培养探索精神。

(2)由于教学内容的繁杂,知识点繁多,因此,通过精心设计上课的案例,融所有要点于一炉,将设计理念和所有相关知识点都巧妙而自然地融合在设计过程中,从而大大提高授课的趣味性和实际效果。

(3)注重设计理念的培养:在原有的教学过程中,重点关注 Word 等软件的应用技巧,基本定位为表面的"武功招式",而忽视更为重要的、更为本质的"内功心法"传授,此为内在素质提升的一项重要内容。通过体会、比较、鉴别、探讨并结合教师的经验传授等方式提炼出上佳的设计理念并形成个人的设计风格,从而将课程的层次提升到一个新的高度,也能让教师的个人魅力得到充分的展现。

(4)注重创新与综合能力的培养:原有的教学方式无法有效培养学生的创新与综合能

力,究其原因,在于给没有给广大师生提供足够的自由空间。新的课程设计中,将提供广阔的自由空间,在设计理念培养与应用技巧传授的基础上,鼓励学生展开想象的翅膀,针对某一主题自由发挥与创作,将所学融会贯通,灵活应用,从而有效培养创新与综合能力。

(5)修改版本并补充必要所需:软件不断升级换代,我们将采用最新的 2010 版替换原有的 2003 版,从而适应新的应用需求与浙江省计算机等级考试的需求。此外,将根据实际应用的需求,并根据学生应用的实际需求,补充 Visio 等简单而实用的软件介绍,从而弥补原有的不足。

3.2　教学方式的改进

(1)课堂教学采用全方位互动的快乐教学方式:本课程大部分内容是面向应用的内容,知识点比较零散,缺乏条理性,按照以往以老师为主体按部就班的讲解和操作方式非常乏味,应当创造非常欢快和谐的氛围,贯彻快乐教学的宗旨。将学生作为教学的主体,请上讲台,由学生来操作和设计,教师的角色转变为现场总导演,其职能为把握大局,整体协同,激发全体学生的参与热诚,大大增进创造力与智慧的培养。

(2)万法归一:在课堂教学中,结合一个需求背景,以老师为主导,不断启发和引导学生;学生为主体,针对某一设计主题案例,群体协作,从零开始,系统性地完成一个设计过程。在课堂上,老师要将设计理念和所有相关知识点都巧妙而自然地融合在设计过程中,从而改变软件应用的知识点比较零散,缺乏条理性导致的教学效果较差的现状,从而大大提高授课的趣味性和实际效果。

(3)鼓励至上:在教学中,应当奉行鼓励至上的教学方针,如同欧美的教师所奉行的教学理念。尤其是为了更好地引导 90 后大学生,他们有着不同于前人的个性,需要多一些的鼓励与关怀,少一些苛责,对学生的茁壮成长极为重要。

(4)设计风趣幽默课件与习题:根据当今学生的特点,以风趣幽默的风格设计课件与习题,改变以往古板的风格,使得广大师生能够在快乐中学习,快乐中成长。

(5)增加相关的视频资料:视频是信息量最为丰富、最直观的信息来源。将首先从网络等渠道选择并获取有关资料,将这些材料有机结合在日常的授课中,从而改变教学方式单一的现状。

3.3　评价机制的改进

本课程将重视学生内在素质的培养,将学生创新与综合能力纳入评价体系,主要通过学生提交的作品来评判,最终成绩的确定主要由"作品＋考勤＋上机考试成绩＋理论考试成绩"的综合评价方式,从而对学生能够做出更客观、更合理的全面评价,改进了传统评价方式的不足。

3.4　信息时代通识教育

将针对大学生网络成瘾、游戏成瘾的现状并根据全球高等教育的要求,尝试引入通识教育,引导学生正确对待高科技发展。以计算机基础课程为载体,让学生的心灵得以成长和升华,从而全面提升学生的综合素质,远离不良网站、避免沉溺网络游戏,培养积极阳光、豁达开朗、人格高尚的人才。同时,采用学生代表座谈的方式,对不正当使用高科技产品的危害、影响等进行深入坦诚的交谈,研究学生沉迷网络、游戏的根本原因,并探讨更好地解决问题的方法,定期与学生互动反馈,真诚面对,共同探讨,从而互相启发,更好地解决问题并对引导的效果准确评估。

4 结束语

大学计算机基础课程是当今一门重要的基础课程,尤其是教学对象是全体大学一年级的新生,受益面广,而且具有很好的可塑性,如何提升课程的层次,提高教学效果是非常迫切需要解决的问题。本文作者根据多年的一线教学经验,就此进行了探讨,提出自身的观点,不当之处,还请广大读者批评指正,不胜感激!

参考文献

[1] 龚沛曾,杨志强.计算机基础教学中的计算思维培养[J].中国大学教学,2012(5).

[2] 陈国良,董荣胜.计算思维与大学计算机基础教育[J].中国大学教学,2011(1).

[3] 秦建,邹显春.案例教学法在"计算机基础"教学中的应用研究[J].西南师范大学学报(自然科学版),2010(6).

也谈 VB 程序设计语言的教学改革

于 莉

浙江师范大学行知学院,浙江金华,321004

摘 要:通过对"VB 程序设计"教学现状的分析,提出运用案例教学和任务驱动法来设计教学与实验,加强教学和实验过程中与学生的交流,充分运用学生所犯错误,促使学生正视和反思错误,以提高学生发现问题和解决问题的能力。改革教学评价体系,提出多种考核组合应用,促使学生加强实践,从而提高实际动手能力。

关键词:VB 程序设计;教学改革;案例教学

1 引 言

VB(Visual BASIC)作为面向对象的计算机程序设计语言,具有简单、易学、功能强大等特点。在很多高校非计算机专业学生的计算机基础教学中,VB 程序设计是学生接触程序设计语言的首选课程,是计算机基础的必修课程之一。该课程在教学过程中,存在不少问题。

2 VB 程序设计教学的现状

2.1 课程内容多,但课时少

VB 作为一门可视化的程序设计语言,其教学内容非常丰富。除了数据类型、运算符、变量、常量等基本知识外,还有很多控件。作为一门可视化的程序设计语言,VB 的控件是非常重要的内容,是其与传统的 C 语言等程序设计语言的区别与优势所在。但是,作为一门公共基础课,该课程的总学时数偏少,要想在一个学期中将一门语言的所有内容都学完,基本上不可能。

2.2 所教学生的专业差异性大

众所周知,VB 是一门公共基础课,其面向的对象是非计算机专业的学生;这些不同专业的学生,其学习兴趣、学习方法、对知识的接收速度和能力上都有非常明显的差异。因此,如何在不同专业的学生中进行因材施教,充分激发每个学生的学习兴趣和积极性就是每个基础课的老师必须考虑的问题。

于莉 E-mail:Jk83@zjnu.edu.cn

2.3 学生入门难、学习目的性差

VB 教学的受众是大学一年级新生,他们大部分都没有接触过程序设计,而在程序设计语言类课程的教学中,最开始都是较枯燥的基础知识学习,这些知识相对困难但却重要,学生往往在该阶段学习中困难重重,因此很容易形成畏难情绪。再则,非计算机专业的学生对学习 VB 程序设计语言的目的性不明确,他们最大的目标是通过等级考试,不认为学习程序设计语言是可以帮助其解决实际问题的[1],因此在学习过程中,自主性比较差,兴趣不是很浓。

3 VB 程序设计教学的改革

针对 VB 教学过程中的各种问题,有很多学校都开始对该门课的教学进行改革。我们认为,在要求学生掌握 VB 语言基础知识的基础上,必须注重培养学生运用 VB 解决实际问题的能力,同时培养学生分析问题和团队协作能力。首先是运用案例教学和任务驱动的方法来安排教学和实验过程;其次要加强教学和实验过程中与学生的交流,找出学生所犯错误,然后运用这些错误,使学生学会接受和反思错误,从而加深对知识的理解;最后要改革教学过程的评价体系,使评价更加多样化,更加突出学生的动手能力的培养。

3.1 运用案例教学,激发学生学习兴趣

案例教学法是一种启发学生研究实际问题,注重学生智力开发及能力培养的现代教学方法[2],其关键是设计教学案例。案例的选取以激发学生求知欲望,培养学生理解应用知识,提高学生分析问题、解决问题的能力为根本出发点,根据某个单元教学目标和内容的需要,结合教学大纲和学生的专业情况,精心选取直观、形象的案例。比如为激发学生的学习兴趣,我们在上第一堂 VB 课时,可以先为学生演示一些优秀程序,让学生感受到 VB 程序设计的魅力,如:“计算器”、“写字板”、“餐馆点菜系统”等,使学生从中可见 VB 的价值和实用性,从而激发其学习的主动性和积极性。

3.2 以任务驱动,加强学生实验环节

实验环节对 VB 教学来说非常重要,是加强学生对所学知识的应用和提高动手能力的有效途径。任务驱动法的实施过程通常包括:设计提出任务、分析任务、自主协作完成任务、交流评价四个环节[3]。教师要根据教学和学生的相关情况来安排实验任务。任务分为单元任务和综合任务。单元任务为每个教学单元服务,具有很强针对性,并在课堂内容基础上对知识点进行进一步扩充。综合任务则是教师设计提供 10～20 个项目,由学生选择其一进行试验,这些任务设计时要注重综合性和实用性,还应根据学生的专业情况进行区分。管理类学生,可以要求设计一个管理系统作为综合实验,如“班级管理系统”、“超市管理系统”等,对理工类的学生可以安排任务有“计算器的设计”等。单元任务要求学生独立完成,单独考评。综合任务实施则要求按小组完成,把学生分成 3～5 人的小组,从任务分析到实施都要求小组成员集体完成。该过程既提高了学生解决问题的能力,又培养了学生的团队合作精神。

3.3 正确对待和利用错误资源

教学和实验过程要注意与学生的交流，在该过程中，对待学生所犯错误要有正确的态度。英国心理学家贝恩布里奇(R.Bainbridge)说过，错误人皆有之，作为教师不利用是不可原谅的。学生在学习过程中经常会出现许多意想不到的错误，作为教师，我们不能在看到错误时只是一味地批评责怪，也不能只是详细讲解、面面俱到。由于成功经验总不如失败的教训使人终生难忘，因此我们要利用错误激发学生思考，引导学生修正错误；利用错误给学生创造良好的思维空间，引导学生多角度、全方位地思考，深化知识，使学生体会程序设计的真谛。

3.4 改革教学评价体系

教学评价是教学过程中非常重要的一环。根据 VB 课程特点，对学生的考核应注重其在整个教学活动中是否主动参与、主动探究，是否实现了主体发展，是否有利于学习能力和实践能力的提高为出发点，因此，必须打破传统的一次性笔试考核的方法，通过各种方式综合评价，使学生成绩构成多样化。

为此，我们将考核分为实验考评和上机考试两部分。上机考试作为期末考试，考试内容有基础知识，也有综合编程题目。其他题目都可用计算机直接阅卷，综合编程题则是学生根据给出的题目要求，边输入程序，边调试，在规定的时间完成考试内容，最终由教师人工阅卷评估成绩。整个上机考试成绩占该门课总评成绩的 60％，其余 40％就是学生的实验考评成绩。实验成绩分单元实验 20％和综合实验 20％。综合实验由小组成员协作完成，既要进行整体考核，又要对各小组成员所分担的任务进行考核，重点是考核学生完成一个项目的综合能力和集体工作中的协作能力。所以，综合实验的评价体系包括小组成员组内评价以及教师对该小组作业的整体评价两部分。两个分数按一定比例组合，成为该小组的最终得分。其中，小组成员间的评价内容有：知识应用能力、团体协作能力、小组贡献度、创新能力等；教师评价的内容为：方案的合理性和创造性、学习和工作态度、项目完成质量、知识的综合运用能力等。

以上考核方式不仅是评定学生学习成绩的手段，而且还是学生把所学知识、技能条理化、系统化、重组的过程，丰富了课堂教学，提高了学生的学习积极性，使他们由原来的被动学习转化为主动学习，能够比较熟练地将各章节知识进行综合应用。

4 结束语

教学实践证明，通过以上 VB 教学改革方法，更能有效激发学生学习兴趣，提高教学质量。通过案例教学法能有效地调节课堂学习气氛，教学效果良好；学生错误的采集和应用能够激发学生思考，引导学生思维，从而体会程序设计的本质；多种考核方式的穿插使用有效督促学生学习，缓解学生压力，提高学生学习的自信心。

参考文献

[1] 刘欣荣,杜玫芳.CDIO 指导下的财经类院校 VB 教学改革[J].计算机教育,2013(6):41－43.

[2] 崔艳莉,张敏,王重英.浅淡"案例＋任务"驱动教学法在 VB 程序设计语言教学中的应用[J].中国农业银行武汉培训学院学报,2009(1):69－70.

[3] 朱跃波.浅淡高职 VB 教学改革[J].怀化学院学报,2006,25(5):166－168.

实验室建设与网络辅助教学

高职图形图像类课程形成性评价的策略和方法

金智鹏　　代绍庆

嘉兴职业技术学院,浙江嘉兴,314036

摘　要: 课程教学效果评价是当前高职计算机类课程教学改革研究的热点之一。本文在分析高职院校图形图像类课程教学中若干突出问题的基础上,以职业能力培养为主线,以网络为载体,构建形成性评价与终结性评价相结合、统一化评价与差异化评价相结合、评价与干预相结合的课程评价体系,对高技能人才的培养起到很好的支撑作用。

关键词: 课程评价;形成性评价;评价与干预;高职教育

1　引　言

课程评价是对教学设计、教学实施、教学结果等问题进行定性、定量价值判断的过程,它既是教师诊断教学效果、调整教学计划、改进教学方法、提高教学效果的关键依据,也是学生调整学习策略、改进学习方法、提高学习效率的有效手段。

构建科学、有效的课程评价体系,是提高课程教学效果的关键环节,是完善高职教学评价体系的基本要求,也是保证高职院校课程改革成功的前提。国家中长期教育改革和发展规划纲要(2010—2020 年)明确指出:课程评价不仅包括以统一量化考试为代表的终结性评价,也包括以学生为主体、评价与干预结合的形成性评价[1]。由于教学过程决定着教学结果,因此,形成性评价应成为教学评价中的基础与关键。

2　高职图形图像类课程教学困境

高职院校必须不断提高教学水平,使学生能紧跟社会经济形势的快速发展。然而无论从教学状况还是从教学效果来看,当前很多因素已经成了制约高职图形图像类课程教学改革的瓶颈[2-5],主要表现为以下几方面的问题。

2.1　学生专业基础水平参差不齐

根据浙教职成〔2012〕26 号《浙江省推进中高职一体化人才培养模式改革工作方案》[2],浙江省高职院校将扩大面向中职的招生规模,到 2015 年中职毕业生升入高职院校的比例将达到 30% 左右。由于各中职院校都是独立制定专业人才培养方案、实施计划、课程标准等,导致各校实际执行的课程体系差异较大,进而导致高职和中职的课程设置存在着相似甚至

金智鹏　　E-mail:364043283@qq.com

雷同现象,给高职阶段的教学实施带来了很大的困难。学生专业基础水平参差不齐,不仅导致高职教学出现"炒冷饭"现象,而且极大影响了学生的学习热情。

2.2　学生处于被评价地位

一直以来,高职课程评价体系都是把教学实施、教学结果与教学目标对照,把目标作为评价标准。这种评价方法以教师为主体,虽然简便易操作,但却把学生客体化、简单化处理,使学生始终处于一种被评价的地位,压抑了学生的学习积极性。正如艾斯纳(E. W. Eisner)所言:"评价者拥有绝对的主体地位,被评价者则成了被控制的客体,颠倒了本来的主客关系,从根本上有悖于教育的精神。"[3]特别是图形图像类课程教学都以项目为载体,操作性很强,如果不能充分调动学生的学习兴趣,学生极易出现只会几个案例的模仿操作而毫无创新的情况。

2.3　高职学生学习主动性普遍不足

由于学生学习目的不明确,学习态度不端正,对所学专业没有兴趣,加上就业压力大认为高职没有出路等原因,导致高职学生学习动力和学习主动性严重不足。根据我院计算机大类专业的问卷调查显示,有较清晰学习目标的学生占65%,希望深化专业技能的学生仅占28%,而对课程任务敷衍了事或得过且过的学生占78%。从统计数据看,学生的学习动机明显不足,学习主动性急需提高。

2.4　统一化评价,忽视个体差异

霍华德·加德纳(Howard Gardner)认为人有逻辑能力、智力能力、语言能力、动作能力、空间能力、人际交往能力、自我反省能力等基本能力,单纯地用某一项或几项能力的高低对学生进行评价,不利于学生综合能力的发展。然而当前的课程评价体系过多地采用统一量化的理论和技能标准来评价所有学生,不仅忽视了学生的个体差异,扼杀了后进生学好课程的希望,而且把复杂而又丰富多彩的课堂教学过程简单化、格式化了。

2.5　重终结性评价,轻日常养成

当前的课程评价体系中终结性评价占主导地位,偏重用期末考核成绩作为课程评价的主要依据,且普遍侧重于对专业知识、岗位技能的评价,而对学生职业素养日常养成等方面的评价不足。这样的评价方式把评价内容从学生的日常学习活动中剥离开来,忽视学生在不同阶段的学习状况,忽视学生职业素养的逐步培养,忽略了学生在学习活动中的主体性和创造性,评价促进发展的精神没能得到贯彻。

3　形成性评价的内涵

美国教育评价学家斯塔弗尔比姆(D. L. Stufflebeam)认为:"评价是为决策提供信息的过程,评价最重要的意图不是为了证明,而是为了改进。"形成性评价的理论基础是建构主义学习理论,建构主义者认为学习是由学生自己建构知识的过程,且这种建构是无法由他人来代替的。

(1)形成性评价以学生为主体对学习过程进行评价,重视学生个体之间的差异。形成性评价更加注重从学生的需要出发,指导学生进行评价和自我评价,使学生在评价中能够不断地认识自我、发展自我和完善自我,提高学生的自学能力和创造性。

(2)形成性评价以促进学生的发展为目的,注重对学习过程的指导和改进。形成性评价重视在教学过程中师生间、学生间的交流,以及课堂观察和学习档案袋等方法,进行全方位、多层次的分析判断,为教学双方提供及时、真实的诊断信息。更为关键的是,形成性评价要求教师及时给学生以适当的反馈和干预,并根据诊断信息调整教学活动,促进教学过程的完善和发展。

4 高职图形图像类课程评价体系探索

4.1 图形图像类课程的形成性评价体系

嘉兴职业技术学院根据高职教育"以能力为本位"的人才培养目标,探索构建与社会需求相适应的知识、能力和素质"三位一体"的课程评价体系。

(1)该评价体系将终结性评价与形成性评价相结合、统一化评价与差异化评价相结合、他评与自评相结合,既重视职业能力的系统训练,也关注每个学生的个性发展,还兼顾用人单位和就业市场的需求。

(2)该评价体系重视学生个体差异性,更注重纵向比较、考察学生的努力与进步情况,注重检查学生职业技能的逐步提升、职业素养的日常养成、职业作风的培养等动态情况。

(3)该评价体系强调评价与干预相结合,为教师和学生及时提供反馈、指导和奖惩,起到及时的激励和约束作用,促进师与生、教与学双方的良性互动。

(4)该评价体系追求评价过程的动态化、全程化,针对学生在课程学习过程中的知识、技能与职业素养的养成过程进行记载、监控和评价。

如表1多元化课程评价体系所示,我院的课程评价体系以形成性评价为基础,采用多元化评价方式,关注结果也关注过程,注重发掘评价激励发展的功能。我院的课程评价体系认同学生个体差异,将统一化评价与差异化评价相结合,纵向考察学生的成长进步,有利于发挥学生积极性,有利于培养学生自主学习能力与探究精神,体现出"以能力为本位"的人才培养思想。

表1 多元化课程评价体系

评价项目		评价内容	评价方法	权重
形成性评价	情感态度与价值观	学习态度、学生兴趣、学习策略、职业情感等	学生自评、学生互评	0.1
	课堂参与	考勤、教学活动的参与、课堂练习、团队合作等	学生互评、教师评价	0.15
差异化评价	项目任务课堂练习	项目设计、项目报告、项目展示、团队合作等	学生自评、教师评价、学生互评	0.25
	企业调研课程实训	调研日志与总结、企业实习日志与总结、实习作品、企业佐证材料等	企业评价、教师评价、学生自评	0.2
终结性统一化评价	期末考试目标达成	理论笔试、技能操作、作品阐述	教师评价、企业评价、学生互评	0.3

4.2 图形图像类课程形成性评价标准

嘉兴职业技术学院的课程评价体系以职业能力培养为主线,根据各专业所面向的职业岗位特点细化评价标准。图形图像类课程的形成性评价标准主要包含以下四个方面的内容:

(1)对学生认知过程的评价。认同个体差异,引导教师和学生去关注、认识和改进学习过程,对学生在课程学习过程中知识、技能和素养的纵向提升情况做出评价,旨在培养学生课程自信心,激发学生兴趣;

(2)对专业技能的评价。对学生的技能掌握、灵活运用和目标岗位胜任情况做出评价和引导,注重职业能力的系统训练。

(3)对职业素养的评价。把职业意识规范、岗位要求和职业作风融入每个教学项目中,对学生的学习态度、职业情感、敬业精神、团队合作精神等做出评价和引导,注重职业素养的日常养成。

(4)采取"教师、学生、企业"相结合,开放的、多元的、各有侧重的评价方法,让学生了解、体会职业活动实际状况,深入理解职业岗位的综合能力需求。

如表 2 知识、能力、素质"三位一体"的课程评价标准所示,我院的课程评价标准以学生职业能力培养为主线,包括对专业能力、方法能力和社会能力的评价,不仅涵盖对职业知识和技能、创作过程和方法的评价,且包括对学习态度、动机和职业作风等情感领域的评价内容,体现出"知识、能力、素质'三位一体'"的综合职业能力的考核。

表 2　知识、能力、素质"三位一体"的课程评价标准

评价内容	课程评价标准
基本知识	了解和掌握计算机图形图像处理方向的基本理论和专业知识; 具备自然及人文基础知识、语言文字表达能力和自主学习能力; 培养学生健康的审美意识,提高学生对作品的艺术鉴赏水平
职业技能	具备较强的平面策划和设计能力,富有创意,能独立完成工作; 具有较强的色彩敏感度,对色彩构成以及版式设计有独特的见解; 具有客户沟通、作品设计、创意阐述能力,取得平面设计师资格
学习、分析与解决问题能力	具有独立获取新知识的能力,有较强的求知欲和进取心; 能综合运用知识和技能经验,能对实际问题有全面正确的认识; 能对实际问题提出针对性的解决思路,具有解决问题的自信心
应用能力	具有严谨、细致、诚实、可靠的工作作风,能按时交付作品; 能够进行广告设计、海报设计、网站页面设计等应用性创作; 具有浓烈的职业热情和自信心,可以承担一般的商业创作项目
创新能力	具备较强的好奇和探索意识,有良好的创新精神; 能对作品设计提出富有创意和想象力的作品设计方案
团结协作沟通能力	具有自觉的规范意识和团队精神,有责任心和全局意识; 能在团队内顺畅沟通和表达,能互相支持、精诚合作; 具有较强的协调和处理各种社会关系的能力

5 形成性评价量化操作办法

构建科学、合理的高职课程评价体系,是提高课程教学效果的关键环节,为了确保课程形成性评价工作的有效开展,还需重点做好以下几项量化操作。

5.1 校企师生多角度评价

学生的自评与互评都需要与教师的评价结合起来,教师要确定评价标准,检查学生自评和互评,及时评价肯定学生的进步。学生自评、互评,可以弥补教师评价等外部评价的不足,激发学生内在学习动机,促进学生自主学习和协作学习。学生自评侧重于对学习兴趣、学习策略、参与程度、合作能力以及技能提高等。学生互评主要包括:团队沟通情况、团队合作互助情况、团队成员的积极性和改进方向等。

企业行业教师侧重于职业道德、岗位胜任能力、工作能力、实习业绩的评价。嘉兴职业技术学院明确要求每门课程 20％的教学量需邀请行业专家、企业技术骨干等任课,并全面参与课程考核。理论教学考核在学校进行,实践教学考核在实习企业由企业指导教师进行,以实现真实职业环境中多元化评价的有效结合。

5.2 评价与干预结合,及时引导

评价考核不是最终目的,学生知识、技能和职业素养的提升才是高职课程评价的最终目的。专业教师要与学生保持密切沟通互动,要理解和关注学生是如何学习的,以及学到了什么程度。教师要与学生小组一起讨论确定下阶段的学习目标,并通过提示、指导、奖惩等手段引导学生采取行动缩小差距,逐步培养学生自主学习能力。

5.3 充分利用网络载体,全程记录

网络技术的发展为形成性评价的应用提供了便利的技术平台,能对学生学习情况进行收集管理,能展示学生多方面的努力、进步和成果。嘉兴职业技术学院充分利用精品课程网站、实践教学管理平台,规范教学管理,做到全程记录、实时评价反馈、实时监控引导。在学院网络平台上,学生可以实时提问、提交作业和学习成果;学生可查看评价结果,并可与过往学习情况进行对比,及时调整学习策略。教师可以进行课堂表现记录、查阅学生学习状况、解答学生提问、信息发布、批阅学生提交的各类文档和学习成果,可根据学生的具体情况,针对性地发送评价、学习建议,帮助学生学习。

6 总 结

据我院计算机应用专业近几届毕业生的跟踪调查结果表明,基于形成性评价的课程评价体系及其具体操作办法运行良好,提高了课程教学效果,深入掌握了行业企业发展趋势和岗位能力动态变化,对高技能人才的培养起到很好的支撑作用。

形成性评价方式虽然有众多的优点,但在具体运用的过程中,很可能遇到各种各样的问题,如评价标准的制定和权重分配,不同的评价主体对评价尺度的把握,评价中的个人情

感与偏见,师生是否有毅力坚持等,这有待于在实践中不断补充完善。

参考文献

[1] 中华人民共和国中央人民政府网. 国家中长期教育改革和发展规划纲要(2010—2020 年)[EB /OL].
   http://www.gov.cn/jrzg/ 2010-07 /29/content_1667143.htm.

[2] 浙江省推进中高职一体化人才培养模式改革工作方案(浙教职成[2012]26 号)[R]. 2012.

[3] 周芹,曾祥麒,陈英. 基于综合职业能力发展的高职课程评价体系的构建[J]. 职教论坛. 2010(7):
   4—6.

[4] 饶爱鹏. 高职学生学习评价体系改革探析[J]. 教育与职业,2009(8):162—163.

[5] 何培芬. 形成性评价与高职英语教学[J]. 教育与职业,2007(11):160—162.

基于网络平台的高职计算机类
毕业设计课程教学模式改革

卢彰诚

浙江商业职业技术学院,浙江杭州,310053

摘　要：毕业设计是高职难度最大、要求最高的综合性实践课程,能够较为全面地检验学生对所学知识的理解和运用水平。本文以计算机类专业为例,分析了毕业设计课程教学中存在的问题,提出网络教学平台能够丰富毕业设计课程教学内容,为师生双向交流搭建平台,能够实现隐形知识的传递和优质教学资源的积累。因此,文章提出基于网络教学平台的毕业设计课程教学模式改革思路,以期为其他综合实践类课程改革和建设提供参考。

关键词：网络教学;毕业设计;教学改革

1　引　言

毕业设计是高职人才培养方案中难度最大、要求最高的综合性实践课程,也是学生完成学业的标志性作业,能较为全面地检验学生对所学知识的理解水平和运用能力。毕业设计课程包含选题、资料收集与选取、开题、任务实施、送审、答辩等环节,通过这些环节能对毕业生的专业实践能力、综合信息能力、抽象思维能力、文字表达能力和职业素养进行一次系统的训练,使他们学会运用知识去解决实际问题,为毕业后的独立工作做好准备[1]。

我校开设了计算机应用技术、计算机网络技术、电子商务、动漫设计与制作、游戏软件、数字媒体技术、移动应用开发等7个计算机相关专业。毕业设计课程是这些计算机类专业的核心必修课程,安排在毕业前的最后一个学期,目的是培养学生综合运用所学专业知识去解决实际问题的能力,因此该课程是实现计算机技术与行业应用有机衔接的载体,也是学校教育与社会实践相结合的重要体现,在培养高技能计算机人才中具有不可替代的作用。我校根据浙江省中、小企业对计算机类人才的需求,结合区域经济环境,引入不同类型的企业项目作为毕业设计课程的教学内容,以企业真实的工作任务驱动每个学生掌握必要的计算机核心岗位技能[2]。通告密切的校企合作,毕业设计课程的建设取得了显著的成效,在推进工学结合和提升高技能人才培养质量方面积累了宝贵的经验。

但是,作者在最近几年担任计算机类毕业设计课程指导教师的过程中,还是明显感到该课程在利用信息技术进行教学改革和创新的力度不够,以致目前在日常教学中还存在不少问题。

卢彰诚　E-mail:Jackie_lu@hz.cn

2 毕业设计课程教学中面临的问题

2.1 教学内容滞后、教学手段和方法墨守成规

目前,毕业设计课程指导教师仍停留在"以教师为本"的传统教学模式下,按照课程标准制订授课计划,教学内容滞后,跟不上毕业设计的需要。加上实用的教材和教学辅导资料缺乏,毕业设计课程的实际教学内容与实战项目貌合神离。在教学方法和教学手段上,毕业设计课程教师沿用传统的教学方法和手段,师生之间的沟通渠道单一,互动性差[3]。

2.2 隐性知识无法有效传递,优质资源也难以共享

毕业设计课程的实战项目由校企双方教师联合指导,教学时间和地点不固定。由于缺乏一个统一的教学平台,项目实践过程中形成的很多优质教学资源难以共享。一些隐性知识也难以在教师与学生、学生与学生、教师与教师之间实现有效传递,这些隐性知识包括教师对毕业设计过程的安排、对教学重点和难点的把握等。

2.3 教学过程封闭,不利于毕业设计课程的持续发展

毕业设计课程引入了来自企业的真实项目,由于岗位实战技能的个性、模糊性和复杂性,项目实战中的大量细节往往难以捕获。而且在毕业设计课程的考核评价中,指导教师往往凭主观判定学生的知识和能力。这不仅不利于教师的自我反思和教学技能的改进,也使得毕业设计课程的教学质量难以得到保证。

3 网络教学平台对毕业设计课程教学活动的支持

为加强网络教学资源建设,提高网络辅助教学的应用水平,我校引进了得实信息科技(深圳)有限公司开发的网络教学平台。该网络教学平台为毕业设计课程的教学活动提供了有力的支持。

3.1 网络教学平台为丰富教学内容和师生双向交流搭建了平台

网络教学平台不仅提供教学课件、教学案例、教学视频资源、试题库、习题库、课程参考资料等课程资源,还可以根据毕业设计课程教学的需要,提供网上答疑、作业发布和批改、在线讨论、学习成果展示。网络教学平台为计算机类毕业设计课程的教学活动搭建了新的平台,成为教师与学生、学生与学生、教师与教师之间高效沟通的桥梁。

3.2 网络教学平台为隐形知识传递和优质教学积累提供了良好的支持

网络教学平台为教学活动的管理提供了传统教育手段无法比拟的有利条件。我们可以把它作为毕业设计课程的教学管理平台,通过网络教学平台记录项目实施的全过程,分享项目实施的经验,在深度对话中相互借鉴、相互促进,使隐性知识得以显性化,并实现优质教学资源的积累。

3.3 网络教学平台让教学过程更为开放

学生、教师和教学管理人员可以通过网络教学平台及时了解到毕业设计课程的教学情况,可以借助网络教学平台精确地捕获毕业设计课程教育质量的细节问题,使毕业设计课程的教学内容、教学方法、教学手段等相关要素形成合力,发挥协同效应,从而不断改进毕业设计课程的教学质量。

4 基于网络教学平台的毕业设计课程教学模式改革

基于网络教学平台的毕业设计课程教学改革是利用网络教学平台的优势,解决该课程日常教学中所存在问题的一种尝试。它从教学理念、教学内容、教学情境、教学方法、教师角色等方面进行了革新,更有利于高技能计算机人才的培养。

4.1 体现"以学生为本"的教学理念

基于网络教学平台的毕业设计课程教学模式改革,需要强化学生信息素养的训练(信息获取能力、信息分析能力、信息加工能力、信息创新能力、信息利用能力、信息交流能力),推动学生独立思考,关注学生的学习组织计划、判断决策、复杂系统分析的能力培养,促进学生之间的相互合作,充分发挥学生的主动性、积极性和创新精神[4],真正做到以学生为中心,因材施教。基于网络教学平台的毕业设计课程教学模式改革,以提高学生的综合素质和职业竞争力为宗旨,这是传统"以教师为本"的教学所不能比拟的。

4.2 优化重组教学内容

网络教学平台为课程内容的优化重组和动态更新提供了极大的便利。基于网络教学平台的毕业设计课程教学模式改革,需要在充分考虑学生特点、调动学生积极性的同时,紧紧围绕各计算机相关专业人才培养目标精选教学内容,结合计算机领域创新创业的最新实践和发展趋势,以"校企合作、工学结合"下的计算机类课题为主线,将毕业顶岗实习和毕业设计的各环节进行重新的整合和构建,注重线面结合,使学生能够通过毕业设计较为系统地巩固所学知识,创造性地运用所学知识去思考问题、分析问题、解决实际问题,从而获得比较全面的训练,成为高技能计算机人才,提高毕业生的就业和创业实践能力。同时根据教学的需要,开发具有特色的毕业设计指导教材,因为目前真正有特色的高职高专毕业设计指导书并不多见,尤其是对知识和技术更新很快的计算机领域来说,真正有特色的毕业设计指导教材更是少之又少。

4.3 构建"教、学、做"一体化的教学情境

协同理论认为系统由许多子系统组成,大量子系统间产生的协同合作是系统从无序转变为有序的内在根据,而子系统间之所以能够出现协同合作是由于子系统之间存在着某种关联力所造成的。网络教学平台是一个开放的系统,构成该系统的各要素之间必然存在着一定的联系[5]。基于网络教学平台的毕业设计课程教学改革,可以应用协同理论实现网络教学平台"教、学、做"协同作用的最佳教学环境,使系统中的各要素按照一定的方式相互作

用、协调配合,发挥"1+1>2"的协同效应。同时,按照企业项目开发要求和工作过程构成一个真实的工作情境,让学生通过学校教师、企业教师的指导和网络平台的自学,完成毕业设计的工作任务,获得丰富的知识和技能。

4.4　采取多样化的教学方法和教学手段

在网络教学平台环境下,学生的学习是一个自组织系统,学生根据自己的情况决定在何时何地学习,学生学习的兴趣、专心程度等方面教师很难干预,因此学生在网络教学平台环境下的学习是无序的。基于网络教学平台的毕业设计课程教学改革,采取"任务驱动教学"、"讨论式教学"、"案例教学"等多种教学方法,帮助学生调节好自己的心理状态,促进学生之间的交流学习,在学习中遇到问题能够协作讨论,并在学生之间产生一定的有效竞争,从而促使学生自觉地形成合理、有序的学习状态,实现现场教学和网络平台自学有机结合。

4.5　积极转变教师角色

基于网络教学平台的毕业设计课程教学模式改革,还需要教师转变角色,成为教学方案的设计者、教学资源的提供者、学习活动的组织者以及研究性学习成果的评价者[6]。教师借助网络教学平台实现交互式教学,为学生获得知识创设情境、导演项目实践活动,对学生的知识和能力掌握情况形成客观的评价。教师借助网络教学平台精确地捕获毕业设计课程教学质量的细节问题,调整教学策略,改进教学技能,及时开展自我反思,不断提高教学水平。

5　结束语

基于网络教学平台的毕业设计课程教学模式改革,为学生搭建一个自主性、创新性的学习平台,扩大了课堂的形式和内涵,让教学过程更为开放,使毕业设计课程教学模式各相关要素形成了合力,发挥协同效应,实现了学校的教学活动与企业岗位实践的有机结合,进一步提升高技能计算机人才的培养质量。我校计算机应用与软件技术实训基地因为特色鲜明、培养学生实践能力效果显著,成为了中央财政支持建设的实训基地,电子商务专业更是成为教育部、财政部"提升专业服务产业发展能力"重点建设专业、浙江省优势建设专业。但是,在改革中会受到多种因素的影响,如师生对网络教学平台不够重视、网络教学资源库建设滞后、毕业设计指导教师力量的不足、校企合作不够紧密、软硬件保障和相关制度不到位等,这些都将影响基于网络教学平台的毕业设计课程教学改革的成效。因此,在实施过程中要对上述问题进行认真研究并加以解决,以保证基于网络教学平台的毕业设计课程教学改革的顺利实施。

参考文献

[1] 卢彰诚.电子商务专业毕业设计指导[M].北京:清华大学出版社,2013.

[2] 沈凤池.高职电子商务专业基于项目实战的人才培养方案设计与实施[J].教育与职业,2011(24):103-104.

［3］王飒.谈高职经管类专业毕业综合实践教学的改革[J].辽宁高职学报,2010(10):75－77.

［4］徐雅斌,周维真,施运梅,等.项目驱动教学模式的研究与实践[J].辽宁工业大学学报(社会科学版),
    2011(6):125－127.

［5］蒋艳红,陈琳.基于协同理论的网络学习环境设计[J].江苏广播电视大学学报,2011(4):32－34.

［6］王健,刘利,张琳钦,彭杰.论信息技术环境下高职院校校企合作中动态课程教学模式的构建[J].黑龙
    江教育,2006(6):104－105.

实验教学示范中心开放服务平台建设

徐 卫 陈 琦

浙江工业大学计算机实验教学中心,浙江杭州,310023

摘 要:实验资源开放共享是实验教学示范中心的建设目标,也是全面提高实验教学水平和实验室使用效益的基础。结合浙江工业大学计算机实验教学中心的具体实践,阐述了实验室开放的要求和存在问题,重点介绍了实验教学中心开放服务平台的建设内容,并对实验室开放运行提出了几点思考。

关键词:实验教学示范中心;开放服务;资源共享

1 引 言

实验室开放是促进学生理论联系实际、提高学生动手能力和创新能力的重要手段,对于实现资源共享、提高实验室设备利用率,充分发挥实验室作用,提高实验教学水平具有重要意义。《教育部关于开展高等学校实验教学示范中心建设和评审工作的通知》(教高〔2005〕8号)中指出,实验教学示范中心要"建设仪器设备先进、资源共享、开放服务的实验教学环境"。这些指导性意见对实验教学示范中心建设"什么样的实验教学环境"作了明确说明。根据浙江工业大学计算机实验教学中心的实验教学资源和专业课程设置的实际情况和特点,结合实验室多年的开放实践经验[1],努力建设实验教学示范中心资源开放共享的服务平台,对开放实验教学体系、实验室的建设模式和运行管理机制等方面展开研究。

2 实验室开放的背景

2.1 实验室开放的基本要求

要充分重视实验室开放工作,把实验室开放作为实验教学和管理改革的重要内容,在满足正常教学和科研使用的前提下,还应具备以下基本条件[2,3]:

(1)教学体系设计合理,有符合培养目标的教学大纲。有科学的实验教材和评价机制,充分结合教学条件和学生特点以保障开放实验教学的质量,并使开放实验教学具有广泛的辐射作用。

(2)良好的实验室硬件条件以及相应的运行经费投入。仪器设备的数量和质量是影响实验室开放最基本的硬件条件,没有充足的仪器设备,实验室在时间、空间和内容上的开放将变成空谈。另外,实验室开放服务所带来的设备损耗和维护也需要有相应的经费投入补给。

徐卫 E-mail:xw@zjut.edu.cn

（3）高水平的师资队伍保证。伴随着实验室开放广泛、深入地开展，学生在实验中也会发现更多、更深、更广泛的问题，同时也会涉及大量新的理论知识和实验技能；指导教师工作量也相应提高了，这对实验教师的业务水平和工作责任心都提出了更高的要求。

2.2 实验室开放存在的问题

许多高校都对实验室开放的教学与管理工作进行了系列改革，但没有彻底解决实验室开放成效、经费支持、运行管理机制等方面存在的问题[4]，主要体现在以下几个方面：

（1）实验室设置和管理不科学。传统的实验室管理模式是分散管理，不是由一个统一管理中心进行管理，而是由学院或者学科单独管理，各自为营，不同的学院和学科设备重复建设现象严重，这样就不能对有限的资源进行有效的整合，导致资源浪费，不能最大限度地利用教学资源。

（2）实验室开放的成效低，覆盖面窄。很多实验室开放不是以满足学生需求为目的，而是被动式开放，仍以各类竞赛为主，面向学生基本技能训练、科研课题研究、兴趣培养的实验比较少。学生的受益面一般较窄，学生参与开放实验积极性不足。实验室一般只对本校甚至是本专业开放，对校外很少开放。校与校之间极少联合共建、互通有无，校企合作比较少。

（3）开放实验缺少独立的运行经费支持。开放实验必然会带来额外的设备维护、低耗品的损耗。在共享的实验室中，这部分额外开支很难量化衡量，往往没有独立的运行经费支持；对指导非立项课题研究和进行技能培养的指导教师的工作量难以体现，可能影响到更多教师对此项工作的积极性。

（4）运行机制和管理制度不完善。实验室管理规章制度陈旧老套，缺乏科学的开放实验室管理制度。体现在规章制度内容不具体，职责分工不明确，实验室不能高效利用，缺乏激励教师和实验技术人员的创新机制。现有的制度不能充分调动任课教师参加开放实验教学的积极性和实验室人员提高业务水平的主动性。

3 开放服务平台的建设内容

示范中心开放服务平台建设的要素有：科学的实验教学体系、稳定的实验师资队伍、现代化的信息资源平台、健全的开放运行管理制度。

3.1 分层分类的实验教学体系建设

3.1.1 改革实验课程教学，分层次开放

利用现有的条件与资源，改革实验教学内容，将实验教学分为三个层次：基础层——巩固和加深专业理论知识，侧重学生基本技能的培养；综合设计层——鼓励学生从学科的单一性向多科性发展，提高学生的综合应用能力和实践能力；研究应用层——实验任务尽量做到教学与科研、实际生产应用相结合，从提出问题，到分析问题，解决问题，能体现科研项目从开展到结束的整个过程，使教学与科研不仅从内容上，更从方法上与现实接近，进一步开拓学生的创新思维与实践空间，培养学生的工程意识。根据开放实验的需求，示范中心每年都新开设一批基础实验、专业实验、自主实验、创新实验几个类别的实验。

3.1.2 根据实验室特点,实行多元化的开放模式

首先,扩大开放实验的涉及面,不仅仅局限于程序设计大赛,创新设计比赛等,积极鼓励各专业的学生参与到开放实验中,培养综合创新能力;其次,依托学科优势,把优质科研实验资源引入到实验教学中去,建设实验教学与科研平台"共享式"开放模式;第三,根据不同类别的实验室制订不同的开放模式。基础类的实验室(比如机房)由于实验场地小、设备和专业化程度不高,可对学生自由开放;专业类的实验室可实行预约实验;创新实验室则对竞赛和科研类学生实验提供全天开放模式;第四,增进校企合作,如举办企业培训、校企联合共建实验室等,一来可以增进校企合作,二来也能提高实验室开放的效益,为实验室更好地开放创造条件。

3.2 队伍建设

师资队伍是开放实验室建设的核心工作。为提高实验教师队伍素质,示范中心制定了适合实验教师队伍特点的中长期培训计划,使实验教师队伍具备较高的专业技能,较强的创新意识和创新能力。采取"精品课程示范教学",对优秀教师的实验授课和指导过程教学视频进行展示,供年轻教师学习;特别注意教师使用仪器、设备能力的培养,并鼓励实验室的人员外出进修培训和参观学习,在经费上予以支持。通过这些措施让实验教师学习先进的教育理念、教学方法。

示范中心实行专兼职结合,聘请研究生助教辅助实验室工作,以减轻中心教师的工作量。中心现有实验教师 50 人(教授 20 人,副教授 22 人,讲师 8 人),实验技术人员 18 人(高级工程师和高级实验师 2 人,实验师和工程师 14 人,助理实验师 2 人),每年聘请研究生助教超过 100 人。示范中心在每个聘期对教师进行教学考核,重新聘任实验教师,在学术上要求成员积极申报实验教学研究课题,编制实验教材,每年撰写实验教学论文。不仅注重基础教学,还提倡科研反哺教学,以期把最新理论、最前沿的研究成果融入到开放实验教学中,推动开放实验教学的快速发展[5]。

3.3 信息资源平台建设

示范中心在努力充实硬件的同时,还必须注重软件的建设,即信息建设与网络化建设。信息资源平台是管理网络资源和实验室各项数据交互的基层场所,是开放服务平台不可或缺的一部分。信息资源平台建设包括:网络教学平台、实验室管理系统、示范中心门户网站。

(1)网络教学平台。将实验中心所有教学资源如课件、实验教学计划、教学大纲、实验项目、教学视频等上传到平台上,提高了教学资源的共享程度,学生可在网络教学平台上完成一定的辅助教学,在线提交实验报告,与教师进行在线交流互动,实现了实验教学资源的信息化管理。通过网络化管理能够及时地反映实验教学计划执行情况、实验教学过程、实验教学成绩以及反馈信息,有利于主管部门及时做出合理评价,从而为实验教学改革做出合理的指导性意见。

(2)实验室管理系统。包括机房管理功能、实验预约功能和其他辅助管理的功能。

实验室预约系统:对教师和学生提供在线开放预约的功能,预约者可以查询各分室的信息和运行情况,选择合适的时间和场所进行开放实验预约,管理员审核通过后生效。

自主上机刷卡系统和自主打印复印系统：学生刷卡可自主上机实验，自主打印复印资料，从而提高了对学生的服务质量，可以对学生的课外上机进行有效的管理，实现了基础实验室的全方位开放。

门禁系统：对创新实验室等全天候开放式实验室安装门禁系统，与视频监控和机房管理系统集成。学生刷卡出入时采集一段时间的视频保存留档，同时机房管理系统记录刷卡者的身份和出入时间，实现了对全开放式实验室的自动监管。

红外防盗系统：采用红外对射探测器对各个实验室布防，如果有人闯入，会发出警报响声，从而确保了实验室的安全防盗。

（3）示范中心网站。为整个系统的信息发布平台，发布示范中心的公告、新闻动态、成果展示、各项规章制度等信息，提供实验室构成、分布，设备与资产情况等信息。通过这一模块，规范了实验室的信息发布和设备使用。

3.4 健全运行管理制度

由于开放实验时间的不确定性和开放模式的多样性，给实验室的运行管理带来了一定的困难。实施开放式实验教学后，必须健全开放实验室运行管理制度并落到实处。

针对不同类型实验室开放实验的特点，示范中心制订了一系列细化的规章制度。除了学校规定的各项实验室规章制度外，还包括：安全应急预案、项目申报、审批制度；经费申请、使用制度；自主实验工作量核定办法。各类实验室根据自身具体情况分别制订分室的实验室管理制度、学生实验守则、开放实验准入制度、培训制度、指导教师工作职责等。

为了充分调动师生参与开放实验的积极性，示范中心建立了一系列的激励机制，如学生课外科技立项课题申请，开放实验创新学分制。学校设立了实验室开放专项基金和大型仪器设备开放基金，主要用于补充开放实验所消耗的材料、实验教师和实验技术人员的补贴，通过制度进行激励、约束和管理，使开放实验室的开放效率和开放水平不断提高。

4 开放服务平台运行中的几点思考

实验室开放是培养学生创新能力和工程实践能力、提高学生综合素质的重要手段，也是发挥实验教学资源作用、共享仪器设备，满足学生自主学习、实现自我提高的要求。在开放服务平台运行中，我们认为应该注意以下几点：

（1）开放服务注重内涵。实验室开放应该从最初的"粗放式"开放转向注重开放服务的内涵。实验室开放，并不只是打开实验室的门这么简单，如何科学的管理，合理有效地利用人力物力资源，提高开放服务的质量，需要有一整套完整的，行之有效的运行机制及管理模式。另外，如何去衡量开放服务的成效、评价机制等都需要我们教学工作者长期实践和探讨。

（2）注重网络信息化建设。网络最大的特点就是信息资源高度共享。网络信息化是实验室在时间、空间和内容上开放的前提。通过网上预约选课，按学生自己的兴趣选课、自己安排时间、自己实验的模式，还可以进行在线预习，大幅度提高了学生的实验积极性和主动性。实验教学管理的信息化则可以大大减轻管理教师的工作，信息化平台中历年的各项统计数据，如开放实验项目、开放时数、开放时间、学生类别、教师工作量统计等，为主管部门提供了很多宝贵的决策信息,提高了工作效率。

(3)注意安全隐患,防患于未然。开放实验后在使用的时间、空间和使用人员的范围等方面都牵涉更广泛,随之带来的安全隐患及管理的难度就更大。纵观近年来各高校发生的实验室安全事故,很大一部分都是学生开放实验过程中发生的。安全问题也成了当前高校实验室管理工作的重要课题。对安全隐患问题我们一直坚持"预防为主"的工作方针。首先,实验室实行严格的准入制度,尤其是全开放式自主实验的学生要做好安全培训后才能进入实验室;其次,加强安全监控,定期排查实验室安全隐患,做好部门的安全应急预案;再次,非常规时间进行的实验项目和活动,及时向上级部门做好报备工作,并且禁止学生在非上班时间单独开展实验。

参考文献

[1] 陈琦,黄定君.信息类实验室开放实验教学的实践和探索[J].教育探索,2008(9):132-133.

[2] 谢惠波,杨艳等.论开放实验室建设[J].实验技术与管理,2011,28(5):178-181.

[3] 栾亚群.电工电子实验中心开放的探索与实践[J].实验室研究与探索,2007,26(2):122-124.

[4] 林卉,胡召玲.高校开放实验室的建设与管理[J].实验技术与管理,2010,27(3):152-155.

[5] 余志华,王广君.加强实验教学队伍建设,提高开放实验教学水平[J].实验技术与管理,2012,29(4):212-221.